台式減醣常備菜

沒進過廚房
也不怕

花花老師教你用 10 分鐘

搞定全家大小晚餐

Contents

Part 1
常備菜走台味
5大技巧，讓你10分鐘上好菜

Part 2
沒進過廚房也能自製
營養減醣料理

Part 3
台式減醣常備菜食譜

全穀飯

雞肉

蔬菜

蔬菜調味醬料

Part 4 〔特別篇〕
5款適合兒童攝取肉類減醣料理
花花老師最受歡迎加熱即食常備菜

5款適合兒童攝取
肉類減醣料理

花花老師最受歡迎
加熱即食常備菜

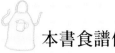

本書食譜使用說明

料理時間標示

每道料理都會標示出調理器具與料理時間的參考值,但建議還是儘早食用完畢。

材料說明

一般標示適量(基本上為4人份)。

作法說明

從步驟1開始,依序製作。

BOX提示

烹調小技巧和減醣的小知識。

本書使用方法

☆ 1小匙是5ml,1大匙是30ml,1杯是300ml。

☆ 烹煮時的火候如果沒有特地註明,請以中火烹調。

☆ 氣炸鍋加熱的時間如果沒有特地註明,是以500W的機種為標準。此外,每個機種的加熱時間多少有些差異,最好視情況調整。

☆ 使用的平底鍋原則上為不沾鍋。

☆ 蔬菜類除非特別註明,否則是以完成清洗與去皮等作業來說明步驟。蔬菜包含蕈菇與豆類在內。

☆ 所謂的「減醣」並非指完全不攝取醣類,而是指100g料理中醣類含量不到5g的總稱。

又忙又累，
也能10分鐘優雅上菜！

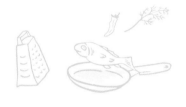

　　記得小時候放學回家，總愛繞在媽媽身旁，開心聊著當天發生的大小事。一坪半大小的迷你廚房，在媽媽腳邊繞的我可是個擋路的小麻煩，最愛看媽媽從廚房裡，變出一道道美味的佳餚，從家常小炒到宴客功夫菜，從中式叉燒包到西式黑森林蛋糕，都是從這個小小的廚房裡變出來！還是孩子的我覺得媽媽就是個食物魔法師，感覺只要進了那個充滿魔力的廚房，一個輕巧轉身就能端出一大桌的豐盛。

　　上了大學之後在家吃飯的機會越來越少，總會覺得外食的味道就是少了些滋味，媽媽總會說：「傻孩子，外頭小餐館將本求利，哪能每種食材都用到最好，也無法在火候、時間下太多工夫呀！」這才知道一直以來理所當然享用著的餐點裡，都是媽媽滿滿的用心。

　　婚前整修房子時，還是小姐的我壓根沒想過要自己會有下廚的一天，因此，把家裡最大、最舒服的地方規劃成了起居室，只留了個小小的流理臺和餐檯，想著只要能加熱食物就好！孩子出生後也因為媽媽的不捨與牽掛，小孩的三餐都是媽媽代為料理，我也就這麼賴皮地繼續當個好命的女兒。

　　但身體裡的廚娘魂，似乎早就在孩提時植入。我喜歡在媽媽整修後的大廚房裡尋找著旅遊時的異國味，或想要仿出在餐廳裡嚐到的美味。不但如此，每年的國外旅遊，我堅持租有廚房的民宿，帶著孩子在異國的市場裡探索不同的食材，在「我們國外的家裡」為孩子們送上親手製作的料理，也很高興能把這些經歷寫成了第一本書《旅行餐桌》，這是我人生最美好的一個紀錄。

生命總是不斷挑戰著我的極限，40歲那年結束了我出社會後一直從事的金融創投領域，那時我似乎並沒有太大的遲疑就想當個「烹飪老師」，想與大家分享在家料理的美好。一開始跟大家分享怎麼為家人端上美味的各式異國餐點，也許是記憶中媽媽的味道太過深刻，某一次嘗試開了一堂「花家經典料理」，意外大獲好評，這才知道原來我的體內早被設定了台味的基因，關於孩提的記憶與家的味道。

直到遇到減醣飲食，我花了很多的精神去瞭解每種食材、飲食方式對身體的影響，這才發現家庭料理除了美味之外，可以花更多一點精神在營養與健康上。也透過計算營養比例，才發現小兒子攝取的蛋白質其實不足，難怪他一直不長肉。

也發現原來每天的蔬菜種類與分量都稍嫌不足，為了可以攝取充足的維生素與礦物質，應該要更廣泛運用不同的食材。

因著大兒子上國中必須帶便當的契機，讓我從一日兩餐到準備一日三餐，忙碌的我開始將「如何簡單、方便、快速送上美味餐點」成為我準備餐食的最高原則。這也才發現對一般主婦來說準備三餐是很花時間、精神的，尤其夏天在廚房工作是一件很煎熬的事，若是可以10分鐘優雅地為家人送上健康美味的餐點，相信每個媽媽都會願意為家人動手料理。

這就是催生這本書的契機。每個週末抽出一點時間做一些加熱也好吃的常備菜，職業婦女下班回家或家庭主婦把孩子接回家，3分鐘水炒青菜再加熱兩道菜，就可以優雅開飯。

　　某天我跟媽媽說：「好多人說我很強，這麼小只有一口IH爐、一台氣炸鍋的廚房竟然能做出這麼多料理。」媽媽說：「你記得嗎？我們以前的廚房就這麼小，我就在那個廚房為你們煮了30年的菜！」

　　原來我神奇的料理魔法是遺傳自媽媽，因著想讓家人吃得更好更健康的那份心，廚房大小、料理技巧都不成問題，「只要有心，人人都是廚神。」也期待可以因為我的分享，讓你願意回到廚房為家人料理，為家人們植入「屬於家與媽媽的味道」！

推薦序

文 · 林育嫺
（FB冷便當社社團社長）

　　和美食生活家花花老師結緣，是邀請老師到臉書社團「冷便當社」擔任直播嘉賓，人生閱歷豐富，手中大作來到第七本書的她，聊起天來對料理滿滿的熱情，古道熱腸藏都藏不住。腦筋思路清晰，講話節奏快速，每件事在花花老師腦子裡總能迅速歸結出重點，經研所、生技、金融創投的人生歷練，僅管在人生大轉彎後回歸自己最愛的家庭和餐桌，追求高效率已是花花老師鮮明的個人標記。

　　有天，我發訊二度邀請老師來冷便當社直播，她的小兒子已高燒數日，幾乎三天沒睡覺的她依舊一早站在廚房，幫6點半準時出門的國中生兒子做便當。同樣身為媽媽，對這劇本是再熟悉不過，然而，鐵人媽媽也有疲累的時刻，時間精力有限，如何全年無休確保家人三餐吃飽吃巧？

　　「簡單、方便、快速出餐是關鍵。」花花老師的料理初心裡，藏了一個讓職婦和主婦都心甘情願回歸廚房、並細水長流堅持煮食下去的終極密技。

　　凡事都有標準作業流程（SOP）的花花老師，總結「快速」的要領在於週末2小時的事前準備。對於幾乎不外食的我而言，完全同意這個觀點，長年餐餐自己煮，煮的不再是樂趣，煮的是想給家人健康與美味的那份執著。若能掌握事前規劃與備料，「10分鐘讓家人吃到美味佳餚」，這樣明確的目標，確實能讓不想彈性疲乏的煮婦們，找到讓自己也開心的平衡點，這就是一種滿足和成就。

　　許多人用影像、用聲音去記錄生命的片段和家人間的回憶，「而我腦海中與家人的連結，就是食物的味道！」花花老師聊起菜頭粿的香氣，連結的是小時候和媽媽席地而坐剁菜頭簽的回憶，這也是為何她一心一意推廣「家庭餐桌」的概念，家人間透過五感的共享，所培養出的情感共鳴。

　　「妳也知道5點半起床做便當，真的不是人幹的事！」心怡向來是一根腸子通到底的我口說我心，當然這種直白總成為我倆間對話的笑點，大笑後她不改簡明扼要的風格，接了個問句：「所以妳堅持背後的信念是什麼？」

　　當然就是那份為家人走入廚房的愛。

　　是啊，只要掌廚的人心裡持著愉悅，家庭餐桌上，擺的不只是食物，而是凝聚家人情感的味覺記憶。每一口，嚥下的是腦海中一輩子最美好、並且無可取代的「媽媽的味道」。

　　不要卻步，跟著花花老師的營養烹飪指南，輕鬆走進廚房，用短短10分鐘，即可微笑著和家人一起享用手作美食。「煮飯給家人吃」這件事，只要起了頭，試了，就知道，不難。而且，幸福加乘，記憶永恆。

Part 1

常備菜走台味
5大技巧，讓你
10分鐘上好菜

輕鬆享瘦，享健康

常備菜總是給人涼拌、日式，台灣人吃不慣的印象。
但很多人不知道，其實透過適當的保存和烹調，
並且將準備時間控制在最經濟的狀態下，
就能讓一整週享用到自炊的健康飲食。

每週挪出2小時
製作常備菜

許多朋友會跟我說：
「我真的很佩服你，你每天工作那麼多，
除了煮早餐、晚餐，還早起幫家人帶便當。」
其實，我跟大家一樣，一開始只是為了讓家人吃得更健康、更安心，
但在繁忙的工作以及家務壓力下，還是會覺得「煮飯好累喔！」。

　　我本身是個SOP控，於是開始思索怎麼讓「煮飯」這件事更加輕鬆，一開始只是先抽出零碎時間備餐，最後變成每週挪出一些時間製作常備菜。

　　「常備菜」這件事，是會讓人上癮的，因為事先準備了成品或半成品，無論是早上的便當或晚餐，我都可以在一早睡眼惺忪或倉皇趕回家的狀態下，10分鐘讓飢腸轆轆的孩子們有晚餐可以吃。

　　尤其是在拍攝Youtube「10分鐘減醣便當」系列影片之後，更是常聽到大家跟我說：「你的方法真的快速、簡單又好吃，而且真的是零失敗！」這些反饋讓我更加努力思考怎麼幫助主婦們可以在更短的時間、更輕鬆地達到一開始的初衷「希望家人吃得健康」。

每週用2小時烹調常備菜

「10分鐘開飯」當然有前提，事前準備工夫不能少，而且重點就在常備菜是否可以延伸出更多不一樣的變化菜式，還有如何準備可以更輕鬆美味。也許，很多人會覺得食物重複加熱不好吃，其實是因為沒有掌握常備菜的原則。例如：肉類加熱時間不能過長，蔬菜類在烹調成常備菜時要稍稍縮短時間，並且挑選重複加熱，也不會改變風味的食材。

烹調方便冷凍的肉類料理

許多肉類料理都非常適合烹調後冷凍保存，要食用前，只要退冰再加熱就可以端上桌，所以週末花一點時間準備起來，就可以讓你在週間備餐時輕鬆許多。

挑選耐煮的蔬菜料理

許多瓜果類、根莖類的食物很適合重複加熱，可以提前煮好，用餐前微波或蒸過，就可以在很短的時間內上桌。

家中常備美味醬料

葉菜類大部分都不太適合重複加熱，因此我會是先清洗後放置在真空保存盒，每日當餐採用水炒方式，再拌上好油跟醬料，同時兼顧簡單與美味。

因此，這本書會分三個部分，第一個就是肉類主餐的常備菜，第二部分是蔬菜料理的常備菜，第三部分是常備醬料，讓大家可以更加輕鬆開飯。

善用不同家電、烹調用具同步料理

除了食材的選擇外，還可以善用廚房裡的設備。
最近火紅的氣炸鍋，就是加熱速度快的小烤箱，
透過烤箱、微波爐、瓦斯爐同時工作的方式，
就可以縮短整個準備的時間。

　　每餐我都會做好安排，烤箱菜、微波爐加熱常備菜、一個燙青菜或熱炒菜，讓烤箱跟微波爐跟你一起工作吧。

　　如何規劃一日三餐的菜色？

　　一般廚房都會有烤箱、兩口瓦斯爐，有的人家裡還會有微波爐或蒸爐，因此建議盡可能在設計菜色時使用不同的設備同時料理，就可以有效增加出餐的效率。

　　我設計的常備菜大致分成兩種：

成品

　　如果是成品，建議用微波爐或蒸爐快速加熱，有一道以瓦斯爐或電磁爐製作

水炒青菜，就可以快速完成晚餐或便當。

冷凍半成品

　　這部分就要善用烤箱或氣炸鍋，讓烤箱運作時，另一道蔬菜常備菜以微波爐或蒸爐加熱，同時間瓦斯爐或電磁爐製作水炒青菜，也是10分鐘就能讓家人輕鬆吃晚餐。

▲ 本書常用烹調鍋具與用具。

食材使用比例化，
兼顧營養與週採買量

一開始製作常備菜時，難免會因為不熟悉而多花一點時間，
但上手之後通常就能夠在2小時內完成一週要用的常備菜。
因此，千萬不要因為一開始的手忙腳亂而感到沮喪，
一兩次之後你就會找到適合自己的方式。

食材採買原則

2斤菜1斤肉

天然蔬菜含有豐富的營養，每餐我都會堅持兩道青菜一道肉類，因此在採購的時候就要注意這個比例。

食材變化性

若是採購3天的食材，我會選擇兩種以上不同的蛋白質來源，購買六種不同的蔬菜，在購買的時候就注意到多樣性，可以讓營養攝取更充足。

分量計算

我會計算一個人一餐需要150g的肉類，300g的蔬菜，因此一個四口之家每一

餐都會用到600g的肉類，1200g的蔬菜。依照這個比例來購買，再來每餐將該分量的食材煮完，就不用額外計算營養比例。

全穀雜糧類攝取

建議每週到雜糧行購買各種不同的穀類煮飯，一次煮多一點的分量，依照當餐的分量加熱。

蔬菜保存技巧

葉菜類

葉菜類的最佳食用期不超過5天，因為超過5天後，青菜的營養素就會流失。買回來後先不要清洗，否則營養也會流失。盡量不要提前沖洗或分切蔬菜，因為這樣只會爛得更快。

市場採購

先用紙巾將蔬菜全部捲起來，再用稍大的塑膠袋把葉菜套起來，接著將袋口打結，留一點口讓空氣能流通。葉菜類不要放在最下層，容易被壓壞，若可以放在冰箱蔬菜室中冷藏最佳。蔥可用紙巾沾水包住蔥蒂頭後，折半放入冰箱以延緩腐爛。

賣場採購

賣場買到以保鮮膜整個包起來的葉菜類，保存前都要先將保鮮膜拆開，除去外側較不好的葉子，再用紙巾包裹直立放入冰箱下層蔬果室，如此一來即可保存得更久維持鮮度。

根莖類

馬鈴薯、洋蔥、大蒜、紅蘿蔔、地瓜等根莖類，放冰箱會促進發芽，建議用網袋包好，放在室內陰涼處即可。但如果切過或傷痕，比較容易孳生細菌，就建議裝進盒子放冰箱。

瓜類

像是苦瓜、大黃瓜、小黃瓜、瓠瓜，建議用報紙或餐巾紙包起來，因為瓜類比較不怕壓，可以放在蔬果保鮮層下方。

搞清楚冰箱冷藏、冷凍的保存原理

肉類

　　如果可以每週在市場採購新鮮的肉類當然是最好！但這對一般主婦來說是有困難的，因此在大型量販賣場採購回家分裝冷凍，也是一個不錯的選擇。依照每餐需要的分量來分裝，若是使用家用真空機保存，保鮮效果會更好！再來使用前一天放置冷藏退冰，也可以保持肉質美味的狀態。

蔬菜

　　在採購的時候要注意食材保存的時限。例如：一次採購3天的食材會需要六種蔬菜，我會選擇三種無法放太久的葉菜類，還有三種可以放比較久的瓜類、豆類、玉米筍，才不會有消耗食材的壓力！

　　冰箱只是延長保鮮，並不是丟進冰箱就保證不壞！因此每週清點食材，依照先進先出的原則，才不會浪費食材。

善用分裝袋、分裝盒，食材滋味不留失

　　如何讓做好的常備菜可以再加熱後，還能展現原有的好滋味？那就千萬不要小看保存的技巧。一般我會推薦大家使用真空保鮮袋或是真空保鮮盒，就我自己的經驗，真空保存的確可以有效讓食材保持原汁原味，不會變質或是走味。

　　真空的好處如下：

① **降低氧化速度**：食材中的成分與空氣中的氧氣結合，就會產生化學結構的變質與老化。

② **抑制細菌的增殖**：真空保存可以防止細菌進入，有效保障食材品質。

③ **防止乾燥**：放在常溫或是冷凍或冷藏，食材的水分都會隨著時間過去蒸發。水分蒸發除了會讓料理乾癟、變色，多汁的口感也會大大扣分。

④ **真空保存可以有效延長保存期限**：真空包裝冷藏，可以讓保存期限有效的延長1.5倍以上，真空包裝冷凍甚至可以延長更長的時間。讓我們最好的料理再加熱的時候有更好的狀態。

　　因此，我通常會準備大小真空保鮮盒來存放常備菜。若是一開始尚未打算投資真空的保存盒，我會建議至少要用具密封效果的保鮮盒，讓你的常備菜在加熱後可以呈現完美的狀態。

營養比例概念

關於「必需營養素」很多人誤以為營養素就是「維生素」,但除了維生素之外,人體所需的六大必需營養素有「醣類、蛋白質、脂肪、水、維生素、礦物質」。

這些營養素被稱為必需的原因,就在於若是少了這些關鍵的營養素你的身體將無法正常運作。這些營養素都需要透過食物來攝取,因此你只要在飲食中獲得這些足夠的必需營養素,就能讓身體維持生命與正常運作。

Ⓐ 醣類:又稱為「碳水化合物」,我會建議從原型食物以及雜糧類來攝取,避免「白飯、白麵條、白麵包」這一類的精緻澱粉,由於精緻澱粉對血糖的刺激比較大,富含膳食纖維以及蛋白質的各式雜糧,會是對身體更好的選擇。建議每餐半碗雜糧飯、根莖類食物(地瓜、芋頭、馬鈴薯……)。

Ⓑ 脂肪:就是所謂的油,和醣類同為人體熱能的主要來源之一。脂質分為兩大類:動物性脂質、植物性脂質。一般來說,增加不飽和脂肪Omega-3、Omega-6的必需脂肪酸對身體是很重要的。我會適量添加紫蘇油、亞麻仁油、或各式冷壓初榨堅果油來增加脂肪的攝取。脂肪除了提供熱量、增加飽腹感,還可以幫助脂溶性維生素的吸收與利用,對身體的運作是很重要的。

© 蛋白質：蛋白質對身體的重要性被形容為「生命的積木」，除了提供熱量，還有建構、修補組織的功能，除此之外製造賀爾蒙、強化免疫系統的主力，是很重要的營養素，只得從食物中攝取。我在這幾年的觀察中發現，很多人會忽略蛋白質的攝取，每餐都要攝取手掌大的肉類，尤其是成長中的小孩特別重要。

© 礦物質：礦物質在體內參與許多功能，如：神經傳導、消化吸收、血液運送、骨骼成長、泌尿排泄、生育繁殖等等生化反應，若是缺少足量的礦物質時，各種代謝功能會變得遲緩，甚至會造成免疫力下降。若是要攝取足量的礦物質，在飲食的時候要注意均衡攝取多樣化各類食物、吃味精緻＆粗糙的食物、吃當季＆在地的食物。

© 維生素：大多數不能從身體中製造，而必需從食物中攝取，其在身體中的作用，就好像機械中的潤滑油，可以維持人體正常生理功能。美國營養學家Nikki Ostrower建議以下五項食物，可以滿足多數維生素的需求：杏仁、藜麥、貝類、海藻類、發酵食物。我還是會建議大家多樣化的享用各類的食材，尤其是粗糙的原型食物，可以讓維生素攝取更加充足。

Part 2

沒進過廚房也能

自製營養減醣料理

減醣料理在台灣的健康飲食界已經儼然成為顯學，
每個人都有一套自己的減醣經，
從專業的醫師建議到一般家庭主婦為家人烹調的減醣料理，
總是能引起許多人的興趣。
也因為如此，花花老師特別為減醣新手
設計了節省時間的減醣料理提點小撇步，
讓大家都能輕鬆上手。

什麼食材適合減醣？

大部分朋友開始做減醣常備菜遇到最大的問題就是：
什麼食材適合減醣？什麼食材適合常備？

　　減醣沒有不能吃的食材，只有分量問題，我會建議大家可以用下列幾個方式來判斷！先把餐盤分成三大類：

　　Ⓐ 非綠色葉菜（包含全穀雜糧）一份

　　Ⓑ 綠色葉菜二份

　　Ⓒ 肉類一份

「非」綠色葉菜

　　減醣最常遇到的問題就是「到底哪些蔬菜可以吃」？若是真的要去查詢營養成分，對大多數人來說有點麻煩，因此我會建議大家將「非」綠色蔬菜的食材都歸在一起。瓜類（例如：大黃瓜、苦瓜）、非深綠色蔬菜（例如：高麗菜、大白菜）、各式蕈菇（例如：金針菇、香菇、鴻禧菇、木耳），甚至是洋蔥、紅蘿蔔、玉米筍，都是很適合製作常備菜的食材。製作時盡量煮到九分熟，保留更多

蔬菜爽脆的口感，當然還是要注意不能過度加熱，就可以讓你享受到好吃的常備菜。

全穀類（例如：雜糧飯、糙米飯、十穀飯）、根莖類食材（例如：地瓜、芋頭、馬鈴薯），建議可以多煮一些起來，冷藏或冷凍，一來冷藏過後，可以有效增加抗性澱粉，有效控制升糖指數，再者這類食材重複加熱口感不會有太大的差異，因此，用餐時再依照適量的分量，蒸過或微波十分方便。

綠色葉菜

綠色的葉菜類一般含醣量都不高，因此建議大家每餐可以挑一到兩份食用。只是深綠色葉菜的確不適合製作常備菜，重複加熱會讓食材變黃出水，因此我建議大家一定要學會「水炒青菜」的作法，運用少量水蒸氣讓蔬菜快速煮熟，將水分瀝乾之後淋上好吃的醬料，因此製作好吃的蔬菜醬料就很重要。

肉類

豬、牛、雞、鴨、甚至是海鮮，都是很好的蛋白質來源，建議大家一餐至少要有一份肉類的食材。用這樣目測的方式，就不需要再計算營養成分，當然實際上會因為你選擇食材的不同有些許的差異，但不會有太大的落差。就可以更輕鬆地讓自己吃得健康吃得營養。

只要把握在製作常備菜時不要煮得過熟，重複加熱時也不要加熱過度，就可以保有美味的口感及味道。

如何採購減醣食材？

我個人習慣先就營養比例採購食材，
料理時掌握原則就可以不另外計算營養比例及分量。

　　我非常推崇宋晏仁醫生推廣的211餐盤，簡單好理解。只要掌握蔬菜二份、
肉類蛋白質一份、全穀雜糧類一份，就可以吃得輕鬆而健康。

　　就以一家四口來舉例：

蔬菜類

　　蔬菜類在餐盤配置是二份，因此每一餐我會選擇兩款蔬菜，每人每餐會需要
100g的蔬菜兩款，我會挑選一款深綠色蔬菜，一款其他蔬果。

　　100g×4人＝400g

　　因此，每餐會需要：深綠色蔬菜400g，其他蔬果也是400g。若是要買兩餐分
量就乘2日。

肉類

肉類在餐盤的配置是一份，每人每餐會需要150g的肉類。

150g×4＝600g

因此，每餐會需要600g的肉類，若是要買兩餐分量就乘以2日。

全穀雜糧類

這部分我會一次煮較大分量，全穀飯可以冷藏保存10天，根莖類可以冷凍保存1個月。當餐要用的分量用微波或蒸的方式已當餐適合的分量加熱，簡單而方便。

減醣調味料怎麼選？

若含糖量較高的調味料，就注意在調味時少量使用，
美味與健康還是要兼顧，這樣才能長久執行呀！

料理用油的選擇上我會分成兩部分：

熱炒

熱炒溫度較高，因此我會選用發煙點較高的葡萄籽油或冷壓初榨橄欖油，關
於這部分我會建議大家使用優質厚實鑄造的不沾鍋，蓄熱效果好的鍋就能使用中
火來料理，少了油煙多了健康。

涼拌

我喜歡在料理完成後淋上適量的好油來增添風味，像是初榨的堅果油，核桃
油、杏仁油、榛果油、芝麻油都有天然豐盛的香氣，可以提升料理的美味。

調味料的選擇上我會分成三部分：

醬油

一般醬油的含糖量都不低，每100g的醬油大概都含15-25%的糖，醬油又是我們很常使用的調味料，因此我會建議大家挑選低糖或無糖醬油，就可以避免攝取過多的糖。

調味料

一般中餐使用的調味料，像是XO醬、豆豉、沙茶……若是100g含糖量在5g以下，由於調味料的使用大概都是15g，攝取的糖量都是很可控的！

各式香料

香料可以讓料理的風味更加豐富，一般香料的使用量都不高，因此不用太擔心使用分量。

台式減醣常備菜規劃Point

這裡有每週規劃常備菜後的晚餐示範，
花花老師直接幫大家規劃了二週的晚餐，
還不太熟悉的人可以照著做，2週後就可以抓出自己的規劃節奏。

選擇兩種常備主菜

　　本書中介紹的每款肉類常備菜，都會有四款變化菜式，因此只要週末先製作基本款，就可以在週間利用這些變化，讓家人天天都有不同的美味料理可以享用。因此每個週末你可以選擇製作兩款主菜後冷凍，甚至可以多做一些讓週間餐時的變化更豐富。

採買三款蔬菜製作四種常備菜

　　本書中每一種蔬菜都會有兩款變化菜式，因此每週採買三款蔬菜，就可以製作六種不同變化的常備菜，每天都可以吃到不一樣的美味。

準備三種醬料

　　由於深綠色葉菜真的不適合事先製作重複加熱，因此我會建議大家可以製作美味的醬料，讓你的深綠色葉菜在口味上有所變化。

採購食材分量

〔**4人份**〕

❶ 無骨雞腿：150g×4人×4日＝2400g
❷ 嫩肩里肌：150g×4人×4日＝2400g
❸ 西洋芹：100g×4人×2日＝800g
❹ 玉米筍：100g×4人×2日＝800g
❺ 苦瓜：100g×4人×2日＝800g
❻ 高麗菜：100g×4人×3日＝1200g
❼ 菠菜：100g×4人×4日＝1600g
❽ 小黃瓜、紅黃椒、生菜、絞肉、蝦仁、花枝適量

第一週

		星期一	星期二	星期三	
主菜	油雞腿 P.074		香蔥油雞 P.076		
	嫩肩里肌 P.178	氣炸牛排 P.180		牛肉串燒 P.181	
三款蔬菜	西洋芹 P.144	芥末芹菜 P.144	西洋芹拌海鮮 P.145		
	玉米筍 P.146			橄欖油清炒玉米筍 P.146	
	苦瓜 P.148				
三種醬料	蒜泥醬 P.174		蒜泥高麗菜 P.039	蒜泥菠菜 P.039	
	日式芝麻醬 P.172				
	泰式紅咖哩醬 P.174	紅咖哩高麗菜 P.038			

主菜：常備油雞腿、嫩肩里肌
三款蔬菜：西洋芹、玉米筍、苦瓜
兩款深綠色蔬菜：高麗菜、菠菜
三種醬料：蒜泥醬、日式芝麻醬、泰式紅咖哩醬

	星期四	星期五	星期六	星期日
	芝麻醬 小黃瓜 雞絲 P.077		台式 香辣油 雞絲 P.079	
		蔥爆 牛柳 P.182		清燉 半筋半肉 牛肉麵 P.183
	玉米筍 炒時蔬 P.147			
		金沙 苦瓜 P.148	苦瓜 封肉 P.149	
		日式麻醬 菠菜 P.040	日式麻醬 高麗菜 P.041	日式和風 油雞沙拉 P.078
	紅咖哩 菠菜 P.040			

・第一週・

the first week

|Monday|
星期一

前一日
備料

牛排從冷凍庫
移至冷藏庫解
凍,高麗菜洗
淨切絲備用。

氣炸牛排
芥末芹菜
紅咖哩高麗菜

料理順序:

1　氣炸鍋220℃預熱5分鐘,將牛排放入氣炸6分鐘。

　　Tip:因每個人切的厚度、大小不一,加上每台氣炸鍋
　　　　溫度也有差異,因此實際溫度時間請依照自家設
　　　　備調整。

2　高麗菜切片,菜梗和菜葉洗淨後分開放置。

3　炒鍋加1碗水與些許油,待水煮滾後,先放入菜梗略
　　炒,再放入菜葉,蓋上鍋蓋燜煮。

4　待3的高麗菜煮軟後,將水瀝乾,淋上紅咖哩醬。

5　將冷藏保存的芥末芹菜,不需要加熱直接享用。

前一日
備料

常備油雞腿從
冷凍庫移至冷
藏庫解凍，高
麗菜洗淨切絲
備用。

香蔥油雞
西洋芹拌海鮮
蒜泥高麗菜

料理順序：

1. 常備油雞腿切片後淋上油蔥醬。

2. 高麗菜切片，菜梗和菜葉洗淨後分開放置。

3. 炒鍋加1碗水與些許油待水煮滾後，先放入菜梗略
炒，再放入菜葉蓋上鍋蓋燜煮。

4. 待3的高麗菜煮軟後，將水瀝乾，淋上蒜泥醬。

5. 將冷藏保存的西洋芹拌海鮮，放入微波爐加熱即可
盛盤。

前一日
備料

角切牛排從冷
凍庫移至冷藏
庫解凍，彩椒
洗淨去籽切
塊、櫛瓜洗淨
切塊，連同牛
肉用竹籤串
起，高麗菜洗
淨切絲備用。

牛肉串燒
橄欖油清炒玉米筍
蒜泥菠菜

料理順序：

1. 氣炸鍋220°C預熱5分鐘，將牛肉串放入氣炸4分鐘。

2. 炒鍋加1碗水與些許油待水煮滾後放入菠菜，蓋上鍋
蓋燜煮。

3. 待2的菠菜煮軟後，將水瀝乾，淋上蒜泥醬。

4. 將冷藏保存的橄欖油清炒玉米筍取出後，放入微波
爐或蒸爐加熱即可盛盤。

常備油雞腿從冷凍庫移至冷藏庫解凍，小黃瓜、菠菜洗淨後切絲備用。

麻醬小黃瓜雞絲
玉米筍炒時蔬
紅咖哩菠菜

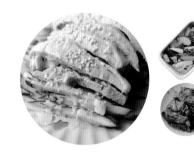

料理順序：

1. 常備油雞腿去皮切絲，先將小黃瓜絲墊底，油雞腿放在上面，淋上日式芝麻醬，撒上適量芝麻！

2. 炒鍋加1碗水與些許油待水煮滾後，放入菠菜蓋上鍋蓋燜煮。

3. 待 2 的菠菜煮軟後，將水瀝乾，淋上紅咖哩醬。

4. 將冷藏保存的玉米筍炒時蔬，放入微波爐或蒸爐加熱即可盛盤。

牛柳加入調味料醃漬，蔥、菠菜洗淨切段備用。

蔥爆牛柳
金沙苦瓜
日式麻醬菠菜

料理順序：

1. 起油鍋熱油，將牛柳放入鍋中炒到八分熟，加入蔥段炒到全熟即可盛盤。

2. 炒鍋加1碗水與些許油待水煮滾後，放入菠菜蓋上鍋蓋燜煮。

3. 待 2 的菠菜煮軟後，將水瀝乾，淋上日式芝麻醬。

4. 將冷藏保存的金沙苦瓜放入微波爐或蒸爐加熱即可盛盤。

台式香辣油雞絲
苦瓜封肉
麻醬高麗菜

常備油雞腿從冷凍庫移至冷藏庫解凍，生菜洗淨瀝乾，洋蔥、高麗菜洗淨切絲備用。

料理順序：

1. 生菜墊底，常備油雞切片放在生菜上，放上洋蔥，淋上川味香麻醬以辣椒絲裝飾。

2. 炒鍋加1碗水與些許油待水煮滾後，先放入菜梗略炒，再放入菜葉蓋上鍋蓋燜煮。

3. 待2的高麗菜煮軟後，將水瀝乾，淋上日式芝麻醬。

4. 將冷藏保存的苦瓜封肉放入微波爐或蒸爐加熱即可盛盤。

清燉半筋半肉牛肉麵
日式和風油雞沙拉

常備油雞腿從冷凍庫移至冷藏庫解凍，洋蔥、彩椒、香菜洗淨切絲備用。

料理順序：

1. 洋蔥絲、彩椒絲舖底。

2. 常備油雞腿切片放在1的蔬菜上，撒上香菜，並淋上日式芝麻醬。

3. 起鍋煮滾水，將低醣拉麵煮熟，將冷凍的清燉牛肉湯解凍加熱，淋在麵上即可。

〔**4**人份〕

❶ 沙丁魚罐頭：100g×4人×4日＝1600g
❷ 無骨雞腿：150g×4人×4日＝2400g
❸ 白蘿蔔：100g×4人×2日＝800g
❹ 蘆筍：100g×4人×2日＝800g
❺ 香菇：100g×4人×2日＝800g
❻ 青花菜：100g×4人×3日＝1200g
❼ 莧菜：100g×4人×4日＝1600g
❽ 紅蘿蔔、紅黃椒、生菜、柴魚適量

第二週

		星期一	星期二	星期三	
主菜	沙丁魚罐頭 P.136	沙丁魚鷹嘴豆沙拉 P.141		彩椒洋蔥炒沙丁魚 P.139	
	炸雞腿塊 P.100		泰式椒麻雞 P.102		
三款蔬菜	白蘿蔔 P.154		味噌烤蘿蔔 P.155		
	蘆筍 P.156	牛肉炒蘆筍 P.157		柴魚沙拉蘆筍 P.156	
	香菇 P.168				
三種醬料	和風沙拉醬 P.172			和風青花菜沙拉 P.045	
	油蔥醬 P.172		油蔥莧菜 P.045		
	蠔油沙茶醬 P.174				

042

主菜：沙丁魚罐頭、常備炸雞腿塊
三款蔬菜：白蘿蔔、蘆筍、香菇
兩款深綠色蔬菜：青花菜、莧菜
三種醬料：和風沙拉醬、油蔥醬、蠔油沙茶醬

	星期四	星期五	星期六	星期日
		生菜 沙丁魚 大亨堡 P.140		沙丁魚 義大利麵 P.138
	韓式 炸雞塊 P.106		糖醋雞塊 P.104	春川辣炒雞 P.107
	味噌 烤蘿蔔 P.155			
		義式 漬百菇 P.168	醬燒香菇 P.047	
		和風醬 莧菜 P.046		
	油蔥 青花菜 P.046			
			蠔油沙茶 莧菜 P.047	

・第二週・

the second week

| Monday |
星期一

前一日
備料

無。

沙丁魚鷹嘴豆沙拉
牛肉炒蘆筍

料理順序：

1. 將冷藏保存的牛肉炒蘆筍，放入微波爐或蒸爐加熱即可盛盤。

2. 將冷藏保存的沙丁魚鷹嘴豆沙拉直接享用即可。

|Tuesday|
星期二

前一日
備料

泰式椒麻雞
味噌烤蘿蔔
油蔥莧菜

常備炸雞塊由
冷凍移入冷藏
退冰，莧菜洗
淨後，瀝乾水
分切段備用。

料理順序：

1. 氣炸鍋220℃預熱5分鐘，將常備炸雞塊放入氣炸5分鐘。

2. 雞塊盛盤撒上香菜，淋上泰式酸辣醬。

3. 炒鍋加1碗水與些許油待水煮滾後，放入莧菜蓋上鍋蓋燜煮。

4. 待3的莧菜煮軟後，將水瀝乾，淋上油蔥醬。

5. 將冷藏保存的味噌烤蘿蔔，放入微波爐或蒸爐加熱即可盛盤。

|Wednesday|
星期三

前一日
備料

彩椒洋蔥炒沙丁魚
柴魚沙拉蘆筍
和風青花菜沙拉

青花菜洗淨
後，切小朵
備用；蘆筍切
段，燙熟冷藏
備用。

料理順序：

1. 將冷藏保存的彩椒洋蔥炒沙丁魚放入微波爐或蒸爐加熱即可盛盤。

2. 炒鍋加1碗水與些許油待水煮滾後，放入青花菜蓋上鍋蓋燜煮。

3. 待2的青花菜煮軟後，將水瀝乾，淋上和風沙拉醬，撒上些許芝麻。

4. 將冷藏保存的蘆筍從冰箱取出盛盤，擠上和風沙拉醬再撒上柴魚即可。

韓式炸雞塊
味噌烤蘿蔔
油蔥青花菜

炸雞塊由冷凍
庫移入冷藏庫
退冰,調好韓
式辣醬,青花
菜洗淨切小塊
備用。

料理順序:

1　氣炸鍋220°C預熱5分鐘,將常備炸雞塊放入氣炸5分鐘。

2　熱鍋加熱韓式辣醬,接著將1的炸雞塊放入讓雞塊仔細拌炒,裹上醬汁。

3　炒鍋加1碗水與些許油待水煮滾後,放入青花菜蓋上鍋蓋燜煮。

4　待3的青花菜煮軟後,將水瀝乾,淋上油蔥醬。

5　將冷藏保存的味噌烤蘿蔔,放入微波爐或蒸爐加熱即可盛盤。

生菜沙丁魚大亨堡
義式漬百菇
和風醬莧菜

低醣麵包由冷
凍庫移入冷藏
庫退冰,番茄
洗淨去蒂,生
菜、莧菜洗淨
切段備用。

料理順序:

1　氣炸鍋220°C預熱3分鐘,將低醣麵包放入氣炸3分鐘。

2　麵包從中間切開,塗上和風沙拉醬,放入生菜、對切的番茄,最後將沙丁魚放在最上方。

3　炒鍋加1碗水與些許油待水煮滾後,放入莧菜蓋上鍋蓋燜煮。

4　待3的莧菜煮軟後,將水瀝乾,淋上和風醬。

5　將冷藏保存的義式漬百菇,直接盛盤享用即可。

\Saturday\
星期六

前一日
備料

糖醋雞塊
醬燒香菇
蠔油沙茶莧菜

炸雞塊由冷凍庫
移入冷藏退冰，
調好糖醋醬，青
花菜洗淨切小塊
備用。

料理順序：

1　氣炸鍋220℃預熱5分鐘，將常備炸雞塊放入氣炸5分鐘。

2　熱鍋加熱糖醋醬，接著將1的炸雞塊放入讓雞塊、彩椒仔細拌炒，裹上醬汁。

3　炒鍋加1碗水與些許油待水煮滾後，放入莧菜蓋上鍋蓋燜煮。

4　待3的莧菜煮軟後，將水瀝乾，淋上蠔油沙茶醬。

5　將冷藏保存的醬燒香菇，放入微波爐或蒸爐加熱即可盛盤。

\Sunday\
星期日

前一日
備料

沙丁魚義大利麵
春川辣炒雞

低醣義大利麵煮
半熟，淋上橄欖
油後冷藏備用，
蒜頭、辣椒切末
備用。

料理順序：

1　將冷藏保存的常備春川辣炒雞，放入微波爐或蒸爐加熱即可盛盤。

2　熱鍋將沙丁魚罐頭的橄欖油倒入加熱，放入蒜末、辣椒末炒香，最後加入麵。

Part 3

台式減醣

常備菜食譜

台式常備菜的概念就是要打破
一般人對於常備菜只能是涼拌菜，
而且都是日式口味的感受。
花花老師利用自己的減醣專長，
設計出來的食譜，大家一定要試試看！

全穀飯

黑豆糙米飯

薏仁紅豆飯

燕麥藜麥飯

裸麥薏米飯

綠豆薏仁飯

黑米扁豆飯

薏仁紅豆飯

{ 料理時間：30分鐘 | 工具：電鍋 }

材料

- 薏仁⋯⋯1.5杯
- 紅豆⋯⋯0.5杯
- 水⋯⋯2.2杯

作法

1　薏仁、紅豆洗乾淨後，放冰箱泡水一晚。

2　瀝乾水分，將薏仁、紅豆、水放入電鍋內鍋，以煮熟一般白米方式煮熟即可盛盤。

　薏仁跟紅豆都是利水的好食材，身體水腫時吃特別適合。

優質澱粉 ②

燕麥藜麥飯

{ 料理時間：30分鐘 | 工具：電鍋 }

材料

- 燕麥米……1.8杯
- 藜麥……0.2杯
- 水……2.2杯

作法

1　燕麥米洗淨後，放冰箱泡水一晚。

2　隔日瀝乾水分加入藜麥、水放入電鍋內鍋，以煮熟一般白米方式煮熟即可盛盤。

燕麥含有非常豐富的亞油酸，對脂肪肝、糖尿病、浮腫、便祕也都有改善效果，是很棒的全穀雜糧選擇。

裸麥薏米飯

{ 料理時間：30分鐘 | 工具：電鍋 }

材料

- 裸麥……1杯
- 洋薏米……1杯
- 水……2.2杯

作法

1 裸麥洗乾淨放冰箱泡水一晚

2 瀝乾水加入洋薏米、水放入電鍋內鍋，以煮熟一般白米方式煮熟即可盛盤。

裸麥具有降血壓、促進血糖代謝的功能，富含粗纖維、可溶性纖維、維生素B群及各類礦物質，是絕佳的全穀類。洋薏米雖然無藥用價值，但含豐富纖維，有助腸道蠕動，提高膳食纖維攝取。

黑豆糙米飯

{ 料理時間：30分鐘 | 工具：電鍋 }

材料

- 黑豆……1.5杯
- 糙米……1.5杯
- 水……2.2杯

作法

1 黑豆、糙米洗乾淨，
放冰箱泡水一晚。

2 瀝乾水加入水，放入
電鍋內鍋，以煮熟一
般白米方式煮熟即可
盛盤。

黑豆含有豐富的維生素E，古代藥典上也記載黑豆可駐顏、明目、
烏髮，使皮膚白嫩，再加上黑豆含有豐富的植物性蛋白質，花花老
師固定每週都會煮一次黑豆唷！

綠豆薏仁飯

{ 料理時間：30分鐘 | 工具：電鍋 }

材料

· 綠豆……1杯
· 薏仁……1杯
· 水……2杯

作法

1　薏仁洗乾淨，放冰箱泡水一晚。

2　瀝乾水加入綠豆、水放入電鍋內鍋，以煮熟一般白米方式煮熟即可盛盤。

黑米扁豆飯

{ 料理時間：30分鐘｜工具：電鍋 }

材料

- 黑米……1.5杯
- 小扁豆……1.5杯

作法

1　黑米洗乾淨放冰箱泡水一晚。

2　瀝乾水加入小扁豆、水放入電鍋內鍋，以一般白米方式煮熟。

小扁豆含有十分豐富的蛋白質、膳食纖維、葉酸，也是很棒的全穀雜糧。特別提醒大家，很多人以為紫糯米就是黑米，其實黑米是「黑秈糙米」，記得購買時要注意不要買錯。

低醣義大利麵

{ 料理時間：30分鐘 | 工具：食物調理機、壓麵機、切麵機 }

材料

- 鳥越低醣麵食粉……80g
- 杜蘭小麥粉……20g
  （也可以用一般全麥麵粉）
- 水……1又2/3大匙
- 全蛋……10g
- 鹽……1/2小匙

作法

1　鹽加水攪拌均勻。

2　將低醣麵食粉、杜蘭小麥粉、全蛋放入食物調理機。

3　開啟攪拌功能，一面徐徐加入水，攪拌到麵粉成團即可取出。

4　用壓麵機壓到平滑，用切麵機或刀子切成寬麵。

5　撒上太白粉防沾即可一把一把放入冷凍庫保存，需要用時不需
　　解凍，直接放入熱水煮3分鐘即可。

低醣拉麵

Recipe / 優質澱粉 ⑧

{ 料理時間：30分鐘 | 工具：食物調理機、壓麵機、切麵機 }

材料

- 鳥越低醣拉麵粉……100g
- 杜蘭小麥粉……20g
  （也可以用一般全麥麵粉）
- 鹽……2g
- 水……55g

作法

1　鹽加水攪拌均勻。

2　將低醣拉麵粉、杜蘭小麥粉、全蛋
　　放入食物調理機。

3　開啟攪拌功能，一面徐徐加入水，
　　攪拌到麵粉成團即可取出。

4　用壓麵機壓到平滑，用切麵機或刀
　　子切成細麵。

5　撒上太白粉防沾即可一把一把放入
　　冷凍庫保存，需要用時不需解凍，
　　直接放入熱水煮3分鐘即可。

低醣水餃皮

{ 料理時間：30分鐘 | 工具：食物調理機、壓麵機、切麵機 }

材料

- 鳥越低醣拉麵粉……100g
- 杜蘭小麥粉……200g
  （也可以用一般全麥麵粉）
- 鹽……2g
- 水……60g

作法

1　鹽加水攪拌均勻。

2　將低醣拉麵粉、杜蘭小麥粉、全蛋放入食物調理機。

3　開啟攪拌功能，一面徐徐加入水，攪拌到麵粉成團即可取出。

4　用壓麵機壓到平滑，用切麵機或刀子切成細麵。

5　撒上太白粉防沾即可一把一把放入冷凍庫保存，需要用時不需解凍，
　　直接放入熱水煮3分鐘即可。

低醣麵包

{ 料理時間：30分鐘 | 工具：麵包機、烤箱 }

材料

- 烏越低醣燕麥粉……105g
- 力量裸麥粉45g
- 燕麥奶……1大匙
- 水……1/3杯
- 赤藻醣醇……2小匙
- 黑糖……1/2小匙
- 溫水……1大匙
- 乾酵母……1/2小匙

作法

1　溫水與乾酵母調勻備用。

2　將所有材料放入麵包機內缸中，開啟攪拌功能。

3　取出分成3份，蓋上濕布發酵20分鐘。

4　烤箱預熱160℃，生麵團放入烘烤20分。

5　完成後可以放入冷凍保存，要用前一天冷藏退冰或稍烤即可食用。

主餐類

　　製作常備菜的過程中我發現，一次多做一些是比較有效益的，但做太多得重複吃同樣的菜色實在困擾，因此我才會開始設計常備菜如何變化出三到四款不同的菜色。透過不同的醬料、配菜、料理方式，讓一週餐點有豐富的變化。

　　每款常備菜的變化料理都非常簡單，午餐時段太過忙碌，我也會使用常備菜來讓自己輕鬆吃好、吃飽。

雞肉

雞肉的蛋白質富含全部必需胺基酸，
其含量與蛋、乳中的胺基酸極為相似，
因此為優質的蛋白質來源。
特別是雞肉所含的脂肪中，
不飽和脂肪酸的比例較豬肉、牛肉為高，
是很好的食材唷！

· 鮮嫩雞胸 ·

{ 料理時間：10分鐘 | 工具：保溫性佳的休閒鍋或鑄鐵鍋 }

作法

材料

· 生雞胸肉……2大片
· 鹽……1小匙
· 米酒……2大匙
· 水……1/2鍋

1 將鹽、米酒均勻塗在生雞胸肉上，放入冰箱冷藏靜置10分鐘。起鍋煮滾裝入1/2鍋水後煮滾。

2 放入1的雞胸，將水再次煮到沸騰。

3 蓋上鍋蓋，轉小火續煮3分鐘，續燜15分鐘。

4 雞胸取出放涼，就可以真空保存，冷凍備用即可。

雞胸是很多人很害怕的食材，因為一不小心煮柴了真的很難入口。
舒肥當然是最方便又簡單的料理方式，但舒肥機並不是很普遍的廚房設備，
因此我選擇使用瑞康屋的「休閒鍋」來料理雞胸，
透過鍋子極佳的保溫性，達到跟舒肥料理一樣的效果；
也可以用保溫性佳的鑄鐵鍋來烹調，
你會很驚訝原來煮出軟嫩雞胸是這麼簡單的一件事。

🍴 雞胸肉的用途比你想像中還多！

若是能買到當日現宰的仿土雞，這樣的料理方式，連調味都不需
要，就能吃到鮮美滋味。但若真的沒辦法買到，加上一點調味也是
可以吃到鮮嫩雞胸。煮好的雞湯千萬別浪費，拿來熬大黃瓜、白蘿
蔔，是很清爽好滋味。

煙燻雞胸

{ 料理時間：10分鐘 | 工具：有蓋的不鏽鋼鍋、蒸架 }

材料

· 常備熟雞胸肉……2大片
· 煙燻木片……1大匙

作法

1　不鏽鋼鍋墊上兩層錫箔紙，接著放入1大匙煙燻木片，最後架上網狀蒸架，
　　將常備熟雞胸肉放置於蒸架上，蓋上鍋蓋。

2　以大火煙燻5分鐘，接著中火續燻5分鐘，最後關火再燜5分鐘。

3　取出放涼即可切片盛盤，或是真空冷凍保存成為另一道常備菜。

 ### 在家也可以做煙燻肉

煙燻後沉穩的香氣可以提升雞胸肉清爽的鮮美，可以利用家中常備
的糖來煙燻，不過糖焦化不好控制，一不小心過了頭，苦味會稍明
顯，建議可以購買日本SOTO專用的煙燻木片，我最喜歡的是「威
士忌橡木桶煙燻木片」，買上一包可以用很久，是很不錯的投資。
建議大家用錫箔紙把鍋子包起來，料理完成後容易清洗。

香煎雞胸沙拉

{ 料理時間：5分鐘 | 工具：不沾鍋 }

材料

- 常備熟雞胸肉……1/2大片
- 美生菜……100g
- 紅黃椒……適量
- 和風沙拉醬……3大匙

作法

1　不沾鍋中火預熱，將常備雞胸肉放入，兩面各煎2分鐘至表面金黃香酥，取出放涼。

2　美生菜洗淨切大片、紅黃椒洗淨去籽切條，放在盤上，將1的雞胸切絲放在生菜上。

3　淋上和風沙拉醬即可。

雞胸烘蛋

Recipe / 變化菜式③

{ 料理時間：8分鐘 | 工具：不沾鍋或玉子燒鍋 }

材料

- 常備熟雞胸肉……1/4大片
- 雞蛋……3顆
- 醬油……1/2小匙
- 櫛瓜、紅黃椒……適量

作法

1 常備熟雞胸肉切片、櫛瓜、紅黃椒洗淨後去籽並切片、切絲。

2 取一只碗打散3顆雞蛋，加入醬油攪拌均勻。

3 不沾鍋或玉子燒鍋以中火預熱，塗上一層薄薄的油，轉小火。

4 蛋液倒入玉子燒鍋內，均勻舖滿鍋內，2分鐘後，放上切片雞胸、櫛瓜片、紅黃椒絲。

5 待蛋液九分熟，從鍋子靠近身體這端向前捲起蛋皮，完成後放在鍋中續煎2分鐘固定形狀即可盛盤。

奶油蒜炒香菇雞胸義大利麵

{ 料理時間：10分鐘 | 工具：不沾鍋、湯鍋 }

材料

- 常備熟雞胸肉……1/2片
- 洋蔥……1/4顆
- 香菜……適量
- 鹽……1大匙
- 低醣義大利蛋黃麵……100g
- 橄欖油……2大匙
- 鹽、胡椒……適量

作法

1 起鍋煮滾水，加入1大匙鹽，放入低醣義大利蛋黃麵煮約5分鐘撈起備用。

2 常備熟雞胸肉切絲備用。

3 不沾鍋熱鍋倒入適量橄欖油，加入去皮洗淨切絲的洋蔥炒香，再放入1的煮熟低醣義大利蛋黃麵、2的常備熟雞胸肉絲，加入2大匙煮麵水燜煮2分鐘。

4 最後撒上香菜，可以再淋上適量優質橄欖油增添風味略微翻炒即可盛盤。

·油雞腿·

{ 料理時間：10分鐘 | 工具：保溫性佳的休閒鍋或鑄鐵鍋 }

雞腿料理變化極多，最基礎的油雞是最容易變化的料理方式，
製作方式也輕鬆簡單，完成後放入冷凍庫保存，
冷藏退冰切片就可以享用，是很方便的一道料理。

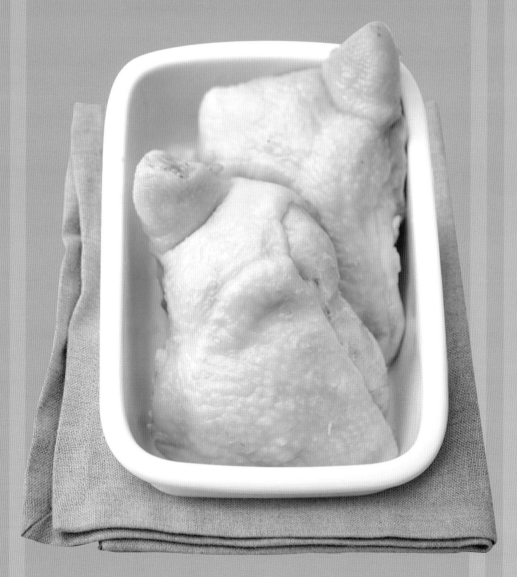

材料

- 生去骨雞腿肉……4支
- 鹽……1/2小匙
- 米酒……2大匙
- 油蔥醬……1大匙

作法

1 將鹽、米酒均勻塗在
生去骨雞腿肉上，放
入冰箱冷藏靜置5分
鐘。起鍋煮滾裝入
1/2鍋水後煮滾。

2 鍋內放入1的生去骨
雞腿肉，不掀蓋燜煮
15分鐘。

3 待2關火後，取出雞
腿肉，放入冰塊中冰
鎮10分鐘。瀝乾就可
以真空冷凍保存

香蔥油雞

{ 料理時間：3分鐘 │ 工具：無 }

材料

· 常備熟油雞腿……1支
· 油蔥醬……2大匙

作法

1　常備熟油雞腿切片。

2　淋上油蔥醬即可。

油雞腿和油蔥醬
是最合拍的組合，
若是不想自己做，
也可以到客家莊遊玩時
買一罐客家麵攤自己做的油蔥，
煮湯拌菜都好吃。

材料

- 常備熟油雞腿……1支
- 小黃瓜……1根
- 日式芝麻醬……3大匙
- 芝麻……適量

| Recipe /

變化菜式②

芝麻醬小黃瓜雞絲

{ 料理時間：5分鐘 | 工具：無 }

作法

1　小黃瓜洗乾淨後切絲盛盤。

2　常備熟油雞腿切絲，放在小黃瓜上面。

3　淋上芝麻醬，撒上適量芝麻即可。

材料

· 常備熟油雞腿……1支
· 洋蔥……1/4顆
· 紅黃椒……各半顆
· 香菜……少許
· 和風沙拉醬……3大匙

變化菜式③

日式和風油雞沙拉

{ 料理時間：5分鐘 | 工具：無 }

作法

1 洋蔥洗淨去皮切絲後泡冰水10分鐘，紅黃椒去籽後切絲，全部平鋪在盤子上。

2 常備熟油雞腿切絲放在洋蔥上，撒上少許香菜。

3 淋上和風沙拉醬即可。

台式香辣油雞絲

{ 料理時間：5分鐘 | 工具：無 }

材料

- 常備熟油雞腿……1支
- 美生菜……1顆
- 洋蔥絲……1/4顆
- XO辣椒醬……2大匙
- 乾辣椒絲……適量

作法

1　美生菜洗淨表面稍擦乾盛
　　盤，再放上洗淨切妥的洋
　　蔥絲。

2　常備熟油雞腿切絲放在
　　洋蔥絲上，淋上XO辣椒
　　醬，用辣椒絲裝飾即可。

日式 雞腿叉燒

{ 料理時間：10分鐘 | 工具：保溫性佳的休閒鍋或鑄鐵鍋 }

日式叉燒的老滷其實非常好用，冷凍保存要用時退冰簡單調整一下鹹度、濃度就可以重複使用。
我覺得雞腿的效果完全不輸豬肉，而且更加方便快速，直接切片就非常好吃。

材料

- 生去骨雞腿肉……4支
- 醬油……1又1/2杯
- 清酒……1又1/2杯
- 赤藻醣醇……2大匙
- 水……2杯
- 蒜頭……3顆

作法

1　生去骨雞腿肉捲起後，用綿繩綁成雞腿捲。

2　醬油、清酒、赤藻醣醇水、蒜頭放入鍋中煮滾後轉小火，煮20分鐘。

3　將1的雞腿捲放入鍋中再次煮沸，蓋上鍋蓋關小火煮3分鐘，再燜煮30分鐘即可關火。放涼即可冷凍保存。

 ## 綁雞腿捲的方法大公開

首先在雞腿腿踝處打一個死結，往右拉繞雞腿一圈，回來後穿過棉繩，再往左拉緊。接著往左繞雞腿一圈，回來後穿過棉繩往右拉緊。一右一左直到綁完整隻雞腿，最後在尾端打結固定。

香煎叉燒

{ 料理時間：10分鐘 | 工具：不沾鍋 }

材料

- 常備叉燒雞腿肉……1支
- 蔥花……適量
- 七味粉……適量

作法

1. 將叉燒雞腿肉放入不沾鍋煎到表面焦香，並置於不沾鍋內，用餘溫保溫3分鐘。

2. 切片擺盤，撒上蔥花、七味粉即可。

越式叉燒春捲

{ 料理時間：15分鐘 | 工具：無 }

材料

- 常備叉燒雞腿肉……1支
- 越式春捲皮……3張
- 小黃瓜……1/2根
- 黃紅椒……適量
- 泰式酸辣醬……1大匙

作法

1. 小黃瓜、黃紅椒洗淨後切絲；常備叉燒雞腿肉切適當條狀。

2. 越式春捲皮擦上一層水軟化，在靠近身體1/3處放上小黃瓜、紅黃椒絲以及雞腿肉塊。

3. 先左右往內收後，再向前捲起陸續擺盤，最後沾上自製泰式酸辣醬即可。

叉燒醬油拉麵

{ 料理時間：15分鐘 | 工具：湯鍋 }

材料

- 常備叉燒雞腿肉……1支
- 鳥越低醣拉麵……100g
- 叉燒醬汁……1/2杯
- 熱水……1杯
- 蔥絲……適量

作法

1　湯鍋將水煮滾，放入低醣
　　拉麵煮3分鐘，再夾出置
　　在碗內。

2　日式叉燒湯汁加入熱水煮
　　滾後，沖入1的麵碗裡。

3　將回溫加熱的切片的常備
　　叉燒雞腿肉放在麵上，上
　　面放上些許蔥絲裝飾即
　　可。

材料

- 常備叉燒雞腿肉……1支
- 鴻禧菇……120g
- 奶油……10g
- 鹽、黑胡椒粉……適量
- 蔥絲……適量

奶油叉燒雞腿鴻禧菇

{ 料理時間：10分鐘 | 工具：不沾鍋 }

作法

1　不沾鍋放入鴻禧菇乾炒，炒到鴻禧菇出水軟化，再加入奶油融化炒香，再以鹽、黑胡椒粉調味。

2　將1放在盤子墊底，再將常備叉燒切片放在鴻禧菇上，最後用蔥絲裝飾即可。

・滷雞雜・

{ 料理時間：10分鐘 | 工具：保溫性佳的休閒鍋或鑄鐵鍋 }

我很愛吃雞胗還有雞心，時常會滷上一鍋晚上看電視當宵夜十分享受。
雞雜處理上比較麻煩，但可以大量製作，放置冷凍庫保存，
隨時想吃拿出來退冰加熱就能享用，做成變化料理也是我家孩子的最愛。

材料

- 雞心……1.2公斤
- 雞胗……1.2公斤
- 豬油……2大匙
- 蒜頭……8-10顆
- 薑片……3-5片
- 醬油……1杯
- 米酒……1杯
- 水……1又1/4杯
- 八角……3-5顆

作法

1 熱鍋加入豬油，放入蒜頭、薑片煸香。

2 接著放入雞心、雞胗翻炒2分鐘。

3 加入醬油、米酒煮滾後，續煮2分鐘。

4 加入水、八角，蓋上壓力鍋鍋蓋，上壓後煮3分鐘。

5 取出放涼，就可以冷凍保存。

★變化菜式①★

麻油雞雜

{ 料理時間：10分鐘 | 工具：不沾鍋 }

材料

· 常備雞雜……150g

· 薑片……15片

· 黑麻油……3大匙

· 米酒……30g

作法

1 退冰後的雞心切半、雞胗切片備用。

2 熱鍋加入黑麻油，放入薑片煸到有香氣。

3 放入1的雞雜翻炒1分鐘，熗入米酒再翻炒1分鐘即可盛盤。

材料

- 常備雞雜……150g
- 酸菜……100g
- 辣椒……1根
- 香油……4大匙
- 蒜片……1顆
- 米酒……1大匙

| Recipe |

變化菜式②

酸菜炒雞雜

{ 料理時間：10分鐘 | 工具：不沾鍋 }

作法

1 雞肫切片；雞心剖半；酸菜切細絲；辣椒切成辣椒圈備用。

2 熱鍋加入香油，加入蒜片、辣椒炒香，再加入酸菜絲中火炒香。

3 將1的雞雜放入一同拌炒，最後熗入米酒炒香即可。

涼拌蔥絲雞雜

{ 料理時間：10分鐘 | 工具：調理盆 }

材料

· 常備雞雜……150g
· 蔥……3根
· XO辣椒醬……1大匙
· 香油……1大匙
· 醬油……1/2大匙

作法

1　蔥洗淨後切細絲，放入冰水中冰鎮。

2　雞胗切片、雞心切半，將醬油、XO辣椒醬、香油與1的蔥絲在調理盆攪拌均勻即可盛盤。

三杯雞雜

Recipe / 變化菜式 ④ ★

{ 料理時間：5分鐘 | 工具：不沾鍋 }

材料

- 常備雞雜……150g
- 麻油……2大匙
- 蒜片……5-8顆量
- 薑片……10片
- 醬油……1大匙
- 米酒……1大匙
- 赤藻醣醇……1大匙
- 九層塔……1小把

作法

1 雞胗切片、雞心切半備用。

2 不沾鍋熱鍋加入麻油，放入蒜片、薑片炒香，加入1的雞雜翻炒1分鐘。

3 加入醬油、米酒、赤藻醣醇拌炒均勻。

4 加入九層塔略為翻炒即可盛盤。

‧ 雞絞肉漢堡 ‧

{ 料理時間：10分鐘 | 工具：保溫性佳的休閒鍋或鑄鐵鍋 }

漢堡絕對是孩子們最喜歡的料理，
用雞絞肉做的漢堡肉油脂量較少，口感滑嫩細緻，
做為常備菜再適合不過了。

作法

材料

- 生雞胸肉……1.2公斤
- 鹽……1/2小匙
- 醬油……1大匙
- 米酒……1大匙
- 胡椒粉……1小匙
- 金針菇……30g
- 油……少許

1 雞胸肉放入食物調理機，加鹽，打成肉泥。

2 在1加入醬油、米酒、胡椒粉續打均勻。

3 在2加入洗淨切小段的金針菇，將金針菇打碎，建議不要打太細，保留一些脆脆的口感。

4 雙手沾水將肉泥捏成圓餅狀，中間稍微扁一點。

5 烤箱220℃預熱5分鐘，將肉餅刷上少許油，放入烤箱烤10分鐘。放涼後就可以常備於冷凍庫保存。

照燒雞肉丸

{ 料理時間：10分鐘 | 工具：烤箱 }

材料

- 常備雞肉漢堡……2個
- 照燒醬……2大匙
- 照燒醬 ┌ 醬油……2大匙
　　　　│ 米酒……2大匙
　　　　│ 薑汁……1/2大匙
　　　　│ 赤藻醣醇……1大匙
　　　　│ 洋蔥……20g
　　　　└ 柴魚粉……1小匙

作法

1　照燒醬的所有材料用食物處理機攪拌均勻。

2　用醬料鍋小火將**1**煮到你喜歡的濃稠度即可。

3　烤箱220℃預熱5分鐘，雞肉漢堡不解凍直接放入加熱3分鐘後取出盛盤。

4　將**2**的照燒醬淋在**3**上即可。

材料

- 常備雞肉漢堡……2個
- 起司片……2片

焗烤雞肉丸

{ 料理時間：10分鐘 | 工具：烤箱 }

作法

1 烤箱220℃預熱5分鐘，常備雞肉漢堡放入烤箱中加熱3分鐘即可盛盤。

2 起司片切成條狀，在熱熱的漢堡上放井字狀即可上桌。

香菇雞肉漢堡義大利麵

{ 料理時間：10分鐘 | 工具：湯鍋、不沾鍋 }

材料

- 常備雞肉漢堡……2個
- 低醣義大利蛋黃麵……100g
- 生香菇……5朵
- 洋蔥……1/4顆
- 橄欖油……3大匙
- 鹽、胡椒粉……適量
- 九層塔碎……適量

作法

1　生香菇、洋蔥洗淨後去蒂、去皮切絲。

2　烤箱220℃預熱5分鐘，常備雞肉漢堡放入加熱3分鐘。

3　湯鍋煮滾水將低醣義大利蛋黃麵放入煮3分鐘。

4　另起不沾鍋倒入橄欖油，將1的香菇、洋蔥炒軟，再放入3的義大利麵拌炒1分鐘，以鹽、胡椒粉調味略為翻炒，即可盛盤。

5　將2的雞肉漢堡放在麵上，撒上九層塔碎即可。

生菜雞肉漢堡

{ 料理時間：10分鐘 | 工具：烤箱、不沾鍋 }

材料

- 常備雞肉漢堡……1個
- 雞蛋……1顆
- 小黃瓜片……3-4片
- 番茄片……1片
- 沙拉醬……2/3大匙
- 起司……1片
- 芥末籽醬……1大匙
- 美生菜……4片

作法

1　將蛋煎成荷包蛋。

2　烤箱220°C預熱5分鐘，常備雞肉漢堡放入加熱3分鐘。

3　依序放上美生菜、荷包蛋、沙拉醬、小黃瓜片、番茄片、
　　2的常備雞肉漢堡、芥末籽醬、起司片、美生菜即可。

·炸雞腿塊·

〔 **料理時間**：20分鐘｜**工具**：料理盆、氣炸鍋 〕

雞腿切塊用氣炸鍋炸到八分熟，放入冷凍庫備用，
隨時都可以簡單變化各式好味道的雞腿料理。
炸過的雞腿有特別的香氣，做成料理特別好吃呢。

材料

- 生雞腿……4支
- 蒜頭……3顆
- 白胡椒粉……1/4小匙

- 醬油……2大匙
- 米酒……2大匙
- 五香粉……1/4小匙

- 鳥越低醣麵粉……50g
- 蒜粒……1大匙
- 黑胡椒粉……1大匙

作法

1　生雞腿肉切塊。

2　加入醬油、米酒、拍碎的蒜頭、白胡椒粉、五香粉調味。

3　在2中加入鳥越低醣麵粉、蒜粒、黑胡椒攪拌均勻，均勻沾在雞肉上。

4　氣炸鍋220℃預熱5分鐘，將雞塊塗上一層油，放入烤10分鐘。

5　取出放涼就可以冷凍保存。

泰式椒麻雞

{ 料理時間：8分鐘 | 工具：烤箱 }

材料

- 常備炸雞塊……150g
- 蒜頭末……2大匙
- 檸檬汁……2大匙
- 赤藻醣醇……2大匙
- 魚露……2大匙（亦可直接使用鹽）
  ※魚露亦可直接使用泰式甜辣醬。
- 香菜……1把

作法

1 烤箱220℃預熱5分鐘，常備炸雞塊放入加熱3分鐘，盛起在盤上。

2 蒜頭末、檸檬汁、赤藻醣醇、魚露攪拌均勻。

3 將香菜切末放在炸雞塊上，淋上2的醬汁即可。

糖醋雞塊

{ 料理時間：10分鐘 | 工具：烤箱、不沾鍋 }

材料

- 常備炸雞塊……150g
- 低糖番茄醬……1大匙
- 白醋……1大匙
- 赤藻糖醇……2大匙
- 葡萄籽油……1大匙

作法

1　烤箱220°C預熱5分鐘，常備炸雞塊放入加熱3分鐘。

2　低醣番茄醬、白醋、赤藻醣醇攪拌均勻。

3　不沾鍋加熱加入葡萄籽油，將2的醬料倒入煮到滾，
　　將1雞塊放入拌炒均勻即可盛盤。

韓式炸雞塊

{ 料理時間：10分鐘 | 工具：烤箱、不沾鍋 }

材料

- 常備炸雞塊……150g
- 韓式辣醬……1大匙
- 醬油……1/2大匙
- 水……1大匙
- 赤藻醣醇……2大匙
- 葡萄籽油……1大匙

作法

1　烤箱220℃預熱5分鐘，常備炸雞塊放入加熱3分鐘。

2　韓式辣醬、醬油、水、赤藻醣醇攪拌均勻。

3　不沾鍋加熱加入葡萄籽油，將2的醬料倒入煮滾，放入1的炸雞塊炒勻即可盛盤。

材料

· 常備炸雞塊……150g
· 高麗菜……100g
· 葡萄籽油……1大匙
· 蒜頭片……3顆量
· 韓式辣醬……1大匙

Recipe /
變化菜式 ④
春川辣炒雞塊

{ 料理時間：10分鐘 | 工具：不沾鍋 }

作法

1 不沾鍋加熱加入葡萄籽油，放入蒜頭片煸香。

2 加入洗淨切塊狀的高麗菜放入炒軟，再加入韓式辣醬拌炒均勻。

3 最後加入常備炸雞塊均勻拌炒2分鐘，讓雞塊吸收湯汁即可盛盤。

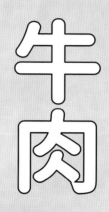

牛肉

牛肉性溫和，
所含的營養成分有蛋白質、脂肪、維生素A、
維生素B群、鐵、鋅、鈣、胺基酸等。
其中的維生素A和維生素B群可以預防貧血，
還有豐富鐵質可預防缺鐵性貧血。
蛋白質、胺基酸、醣類因容易被人體吸收，
成為人類發育最優質的營養品。

・滷牛腱・

{ 料理時間：10分鐘 | 工具：壓力鍋 }

滷牛腱對我來說是爸爸的味道。
印象中爸爸總是滷好一大鍋冰在冰箱，可以切片單吃、可以淋上醬料、可以做成牛肉麵，
這就是我家冰箱必備的常備菜。

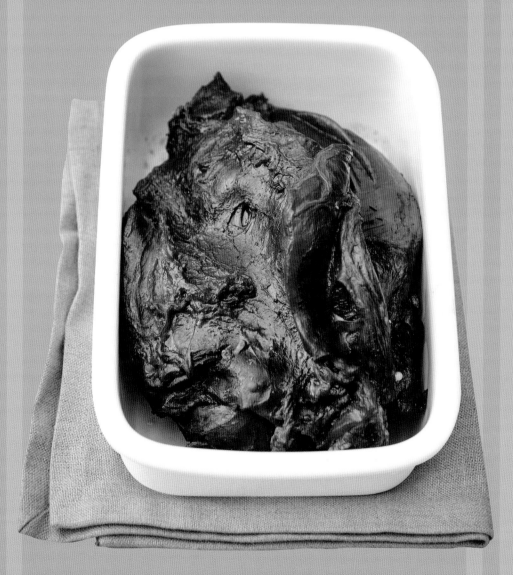

材料

- 生牛腱肉……1.8公斤
- 豬油……3大匙
- 蒜頭……10顆
- 赤藻醣醇……3大匙
- 醬油……1杯
- 水……4杯
- 米酒……1杯
- 番茄……1顆
- 滷包……1個

若使用鑄鐵鍋
則需要45-50分鐘。

作法

1 熱鍋加入豬油，放入洗淨去皮的蒜頭炒香，加入赤藻醣醇煮到融化。

2 再加入醬油熬煮1分鐘。

3 放入牛腱熬煮1分鐘，加入水淹過牛腱（若無法淹過則等比例增加醬油與水）。

4 放入洗淨去蒂的對切番茄、滷包蓋上鍋蓋，上壓後小火煮15分鐘即可關火。放涼後泡在醬汁內冷藏，或放涼真空冷凍保存。

牛腱切片

{ 料理時間：5分鐘 | 工具：無 }

材料

- 常備熟牛腱……150g
- 滷牛肉醬汁……1大匙
- 醬油……1/2大匙
- 香油……1/2大匙
- 香菜……1小把
- 辣椒……1根

作法

1 常備熟牛腱切薄片盛盤。

2 滷牛肉醬汁、醬油、香油攪拌均勻。

3 香菜、辣椒切碎撒在牛腱上。

4 淋上2的醬汁即可。

材料

- 常備熟牛腱……150g
- 滷牛肉醬汁……1大匙
- 香菜……1小把
- 醋……1大匙
- 辣豆瓣……1/2小匙
- 花椒粉……1/2小匙
- 碎花生……1/2小匙
- 赤藻醣醇……1大匙
- 辣油……1大匙

\ Recipe /
變化菜式②
川味香辣牛肉片

{ 料理時間：5分鐘 | 工具：無 }

作法

1　常備熟牛腱切薄片盛盤，放上香菜。

2　滷牛肉醬汁、醋、辣豆瓣、花椒粉、赤藻醣醇、辣油攪拌均勻。

3　將2的醬汁直接淋在牛腱上，撒上碎花生即可。

滷牛肉丁小菜

{ 料理時間：10分鐘 | 工具：無 }

材料

- 常備熟牛腱……150g
- 小黃瓜……100g
- 辣椒……1根
- 滷牛肉醬汁……1又1/2大匙
- 醋……1/2大匙
- 香油……1/2大匙
- 醬油……1/2大匙
- 蒜片……5-8顆量

作法

1 常備熟牛腱切丁，小黃瓜、辣椒洗淨後切丁。

2 滷牛肉醬汁、醋、香油、醬油攪拌均勻。

3 取一有深度的盤子，將1放入並加入蒜片。

4 在3上淋上2的醬汁即可上桌。

乾拌牛肉麵

{ 料理時間：10分鐘 | 工具：湯鍋 }

材料

- 常備熟牛腱……150g
- 低醣拉麵……100g
- 滷牛肉醬汁……1/3杯
- 醬油……2大匙
- 香油……1大匙
- 蔥末、辣椒末……適量

作法

1　湯鍋煮水滾後放入低醣拉麵，煮3分鐘，撈起放入碗中。

2　滷牛肉醬汁、醬油、香油攪拌均勻。

3　常備熟牛腱切片放在麵上。

4　將2淋在3上，最後撒上蔥末、辣椒末即可。

豬肉是肉類脂肪含量最高的一種，
屬於紅肉，即使是瘦肉，脂肪也含10％以上。
但豬肉也富含蛋白質、鈉、銅、鋅、
維生素B1、維生素B2、維生素B6、維生素B12、
菸鹼酸、鐵、鈣、磷、鉀等營養素。
能提供身體所需的蛋白質、脂肪、維生素及礦物質，
能幫助修復身體組織、加強免疫力、
保護器官功能。

· 炸排骨 ·

{ **料理時間**：10分鐘 | **工具**：料理盆、氣炸鍋 }

喜歡吃排骨QQ的骨邊肉，所以總選擇帶骨的肉來料理，
如果鍋子夠大其實也可以用帶骨大里肌，不過得記得斷筋。
若是想省麻煩的，就可以選擇排骨肉，小小一塊一塊也好料理！
我也曾經選用無骨大里肌，斷筋後效果也很好唷！

材料

· 生排骨……1.8公斤
· 低醣麵粉……50g
· 蒜頭……3顆
· 白胡椒粉……1/4小匙
· 五香粉……1/4小匙
· 醬油……2大匙
· 清酒……2大匙

1　生排骨加入洗淨去皮拍扁的蒜頭、白胡椒粉、五香粉。

2　醬油、清酒，用手抓一下讓醬汁入味。

3　均勻裹上低醣麵粉。

4　氣炸鍋220°C預熱5分鐘，排骨噴上一層油，放入氣炸鍋10分鐘。（大約八分熟）放涼就可以分裝真空冷凍保存。

古早味炸排骨

{ 料理時間：10分鐘 | 工具：氣炸鍋 }

材料

· 常備炸排骨……200g
· 椒鹽粉堡……適量

作法

1　氣炸鍋220°C預熱5分鐘，常備炸排骨放入加熱5分鐘。

2　盛盤後撒上椒鹽粉即可。

材料

- 常備炸排骨……200g
- 葡萄籽油……1大匙
- 蒜頭……5-8顆
- 醬油……50ml
- 米酒……50ml
- 水……150ml
- 油蔥酥……50g
- 酸菜……適量

\Recipe/
變化菜式②

古早味滷排骨

{ 料理時間：10分鐘 | 工具：氣炸鍋、不沾鍋 }

作法

1　不沾鍋熱鍋放入葡萄籽油，蒜頭洗淨去皮後瀝乾水入鍋炒香，
　　加入醬油、米酒、水、油蔥酥煮滾後，轉小火續煮10分鐘。

2　最後蓋上鍋蓋小火煮2分鐘即可盛盤。

3　搭配酸菜一起吃，解膩又增添古早味。

豉汁排骨

{ 料理時間：5分鐘 | 工具：蒸鍋 }

材料

- 常備炸排骨……200g
- 豆豉……1大匙
- 米酒……2大匙
- 白胡椒粉……1/2大匙
- 蔥花、辣椒末適量

作法

1 豆豉、米酒、白胡椒粉混合均勻，淋在炸排骨上。

2 待蒸鍋水滾後，直接將排骨盛盤放入蒸約5分鐘。

3 去出後撒上蔥花、辣椒末即可。

無錫排骨

{ 料理時間：10分鐘 | 工具：不沾鍋 }

材料

- 常備炸排骨……200g
- 醬油……1大匙
- 紹興酒……2大匙
- 紅麴米……2大匙
- 鎮江醋……1大匙
- 赤藻醣醇……1大匙
- 水……50ml

作法

1　熱鍋倒入醬油、紹興酒、紅麴米、鎮江醋、赤藻醣醇、
　　水，煮滾後放入常備炸排骨，小火翻炒1分鐘。

2　小火續煮，待醬汁收汁即可盛盤。

・梅花叉燒・

{ 料理時間：10分鐘 | 工具：休閒鍋或保溫性佳的鑄鐵鍋 }

梅花肉做成叉燒是最道地的日式家常味，我會選用帶著筋的梅花，
稍微綁一下讓形狀固定，一樣使用叉燒雞腿的醬汁，
不同的肉類滋味完全不同。

材料

- 生梅花肉……1200g
- 醬油……1又1/3杯
- 清酒……1又1/3杯
- 水……2杯
- 赤藻醣醇……1大匙
- 蒜頭……3顆

若是老滷可以試試味道，
味道太濃加一點清酒，
味道太淡加一點醬油，
就不需要重複
再做一次醬汁。

作法

1 梅花肉捲起綁成圓柱狀。

2 將醬油、清酒、水、赤藻醣醇、蒜頭放入鍋中煮滾後關小火，續煮20分鐘。

3 將1的生梅花肉放入2的鍋中再次中火煮滾，蓋上鍋蓋關小火煮5分鐘，不開蓋燜30分鐘。

4 放涼後就可以真空包裝或放入保存盒，即可冷凍保存。

叉燒火腿生菜漢堡

{ 料理時間：10分鐘 | 工具：無 }

材料

- 常備梅花叉燒……100g
- 低醣麵包……1個
- 生菜……適量
- 沙拉醬……1大匙
- 生洋蔥圈……適量
- 切片番茄……適量

作法

1　低醣麵包橫向對切。

2　將一半麵包切面朝上，依序放入生菜、沙拉醬、
　　常備梅花叉燒、洋蔥、沙拉、切片番茄。

3　最後蓋上麵包即可。

叉燒味噌拉麵

〔 料理時間：10分鐘 ｜ 工具：湯鍋 〕

材料

- 常備梅花叉燒……150g
- 低醣拉麵……100g
- 雞湯……200ml
- 鹽……適量
- 溏心蛋……1顆
- 嫩海帶芽……20g

作法

1 湯鍋將水煮滾後加低醣拉麵，煮3分鐘放入碗中。

2 另起鍋煮滾雞湯後加鹽調味，再倒進麵碗裡。

3 最後在麵上加入叉燒、對切溏心蛋、嫩海帶芽即可。

材料

- 常備梅花叉燒……150g
- 蔥花……適量
- 七味粉……1/4小匙

| Recipe |

變化菜式③

油蔥香煎叉燒

〔 料理時間：5分鐘 | 工具：無 〕

作法

1　不沾鍋加熱，放入常備梅花叉燒將表面煎到焦香，切片擺盤。

2　撒上蔥花、七味粉即可端上桌。

134

叉燒堅果沙拉

{ 料理時間：5分鐘 | 工具：無 }

材料

- 常備梅花叉燒⋯⋯150g
- 蔥花⋯⋯適量
- 七味粉⋯⋯1/4小匙
- 美生菜⋯⋯50g
- 洋蔥⋯⋯20g
- 聖女番茄⋯⋯5-8顆
- 橄欖油⋯⋯3大匙
- 紅酒醋⋯⋯1大匙
- 核桃碎⋯⋯適量

作法

1　不沾鍋加熱，放入梅花叉
　　燒將表面煎到焦香

2　美生菜洗淨切絲、洋蔥洗
　　淨切丁、聖女番茄洗淨去
　　蒂切半，放入調理盆中加
　　入橄欖油、紅酒醋拌勻放
　　入盤中。

3　將1的叉燒切片放在上
　　面，撒上核桃碎即可。

沙丁魚富含蛋白質，
是魚類中含鐵最高的一種，
還富含EPA、Omega-3及其他不飽和脂肪酸，
這些基本的脂肪酸能夠幫助身體裡的血液流動暢通，
是一種理想的健康食品。
有時候一忙起來連準備常備菜的時間也沒有，
我會選擇這款沙丁魚罐頭
讓我可以安心烹調出營養又美味的料理。

沙丁魚義大利麵

{ 料理時間：10分鐘 | 工具：不沾鍋、湯鍋 }

材料

- 沙丁魚……100g
- 低醣義大利蛋黃麵……100g
- 鹽……1大匙
- 蒜片……3顆
- 番茄……3顆
- 迷迭香……1根

作法

1 湯鍋滾水放入鹽、低醣義大利蛋黃麵，煮3分鐘即可起鍋，另留下50ml煮麵水。

2 不沾鍋加熱，加入沙丁魚罐頭的油、蒜片炒香，加入1義大利麵、煮麵水，拌炒到收汁。

3 最後放入沙丁魚肉拌炒，起鍋前加入洗淨切半去蒂的番茄，用迷迭香裝飾即可。

材料

- 沙丁魚罐頭……100g
- 紅黃椒……100g
- 洋蔥……1/4顆
- 蒜片……3顆量
- 香菜……適量

彩椒洋蔥炒沙丁魚

{ 料理時間：5分鐘 | 工具：不沾鍋 }

作法

1. 紅黃椒、洋蔥洗淨後切塊備用。

2. 不沾鍋加入沙丁魚罐頭中的油、蒜片炒香，
   加入1的彩椒、洋蔥拌炒1分鐘。

3. 加入沙丁魚肉拌炒，撒上香菜即可。

材料

· 沙丁魚罐頭……100g
· 低醣麵包……1個
· 美生菜……適量
· 聖女番茄……3顆
· 酸黃瓜……4片量
· 沙拉……1/2大匙

\ Recipe /
變化菜式③
生菜沙丁魚大亨堡

{ 料理時間：10分鐘 | 工具：無 }

作法

1 美生菜洗淨後剝片狀、聖女番茄去蒂切片、酸黃瓜切片備用。

2 麵包縱向對切，不切到底，依序在麵包切口放上生菜、沙拉、酸黃瓜、聖女番茄。

3 最後放上沙丁魚肉即可。

沙丁魚鷹嘴豆沙拉

{ 料理時間：10分鐘 | 工具：料理盆 }

材料

- 沙丁魚……1罐
- 聖女番茄……6顆
- 洋蔥……1/6顆
- 煮熟鷹嘴豆……80g
- 九層塔……適量
- 紅酒醋……1大匙

作法

1 鷹嘴豆煮熟放涼備用。

2 聖女番茄洗淨去蒂切片、洋蔥洗淨去皮切丁、九層塔洗淨切末備用。

3 所有材料放入料理盆中，將沙丁魚的油、醬汁也一起倒入，加入紅酒醋攪拌均勻即可盛盤。

蔬菜

・西洋芹・

芥末芹菜

{ 料理時間：10分鐘 | 工具：湯鍋 | 保存期限：7天 }

材料

· 西洋芹……100g
· 芥末籽醬……2大匙
· 醋……1/2小匙
· 鹽……少許

作法

1 西洋芹洗淨後去葉切薄片備用。

2 湯鍋煮滾水，將西洋芹放入汆燙
2分鐘，撈起瀝乾放涼放入保存
盒中。

3 加入芥末籽醬、鹽、醋攪拌均
勻，直接冷藏保存。

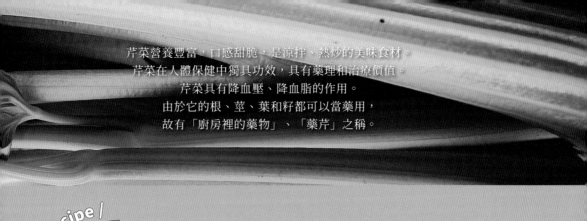

芹菜營養豐富，口感甜脆，是涼拌、熱炒的美味食材。
芹菜在人體保健中獨具功效，具有藥理和治療價值。
芹菜具有降血壓、降血脂的作用。
由於它的根、莖、葉和籽都可以當藥用，
故有「廚房裡的藥物」、「藥芹」之稱。

\ Recipe /
★ 變化菜式② ★

西洋芹拌海鮮

{ 料理時間：10分鐘 | 工具：湯鍋 | 保存期限：7天 }

材料

- 西洋芹……100g
- 花枝……100g
- 聖女番茄……5顆
- 蒜泥……2大匙
- 檸檬汁……2大匙
- 鹽……1/4小匙
- 赤藻醣醇……1/4小匙

作法

1　西洋芹洗淨後去葉切片、花枝洗淨去外膜切小塊、聖女番茄洗淨去蒂切半備用。

2　湯鍋煮滾水，放入西洋芹燙2分鐘，撈起瀝乾備用。

3　將花枝放入裝了滾水的湯鍋，關火靜置1分鐘，撈起瀝乾用冰塊冰鎮放涼備用。

4　蒜泥、檸檬汁、鹽、赤藻醣醇攪拌均勻。

5　取一保存盒放入西洋芹、花枝、聖女番茄與4的醬料攪拌均勻即可。

・玉米筍・

橄欖油清炒玉米筍

{ 料理時間：10分鐘 | 工具：不沾鍋 | 保存期限：7天 }

材料

- 玉米筍……100g
- 橄欖油……2大匙
- 鹽、黑胡椒粉……適量
- 水……1大匙

作法

1　玉米筍切斜片備用。

2　不沾鍋加熱加入橄欖油，放入玉米筍炒1分鐘，加入1大匙水，拌炒到收汁。

3　加入鹽、黑胡椒粉調味放涼後即可放入保存盒。

玉米的含醣量高，在營養學上是屬於澱粉類；
而玉米筍所含醣類、蛋白質和脂肪量，都遠低於玉米，所以是屬於蔬菜類，
加上玉米富含膳食纖維，絕對是減醣飲食最好的食材。

Recipe /
★ 變 化 菜 式 ② ★

玉米筍炒時蔬

{ 料理時間：10分鐘 | 工具：不沾鍋 | 保存期限：7天 }

材料

- 玉米筍……100g
- 小黃瓜……50g
- 紅黃椒……50g
- 鹽、白胡椒……適量
- 橄欖油……2大匙
- 水……1/2大匙

作法

1　玉米筍切斜片、小黃瓜切斜片、紅黃椒切長條備用。

2　不沾鍋熱鍋加入橄欖油，將玉米筍、小黃瓜、彩椒放入拌炒1分鐘。

3　加入1/2大匙水，炒到水分收乾。

4　加入鹽、白胡椒粉調味放涼後即可放入保存盒。

·苦瓜·

金沙苦瓜

{ 料理時間：10分鐘 | 工具：不沾鍋 | 保存期限：7天 }

材料

- 苦瓜……200g
- 鹹蛋黃……3顆
- 葡萄籽油……5大匙

作法

1　苦瓜洗淨對切去籽切薄片，鹹蛋黃切碎備用。

2　不沾鍋乾鍋炒苦瓜，炒到苦瓜變軟稍透明，盛起備用。

3　不沾鍋加入葡萄籽油，放入鹹蛋炒到冒金黃色泡泡。

4　加入2的苦瓜拌炒均勻放涼後即可放入保存盒。

在台灣，因氣候關係，吃苦瓜很普遍，苦瓜含有豐富的營養成分，
包括蛋白質、脂肪、碳水化合物、膳食纖維、還有各項維生素等等，
在瓜類蔬菜中含量較高的，特別是維他命C的含量居瓜類之冠，
有瓜中C王之稱。

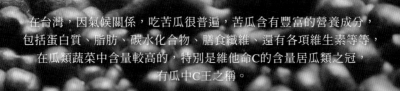

\Recipe/
變化菜式②
苦瓜封肉

{ 料理時間：10分鐘 | 工具：蒸鍋 | 保存期限：7天 }

材料

- 苦瓜……1條
- 絞肉……300g
- 鹽……1/4小匙
- 醬油……1大匙
- 米酒……1大匙
- 胡椒粉……1/4小匙

作法

1 苦瓜洗淨橫切成圓圈狀，將籽挖掉備用。

2 絞肉加入鹽攪拌到黏稠狀，加入醬油、米酒、胡椒粉攪拌均勻入味。

3 將2的絞肉塞進苦瓜內，一個個擺放在盤子上。

4 蒸鍋水滾後，將盤子放入蒸12分鐘，放涼後即可放入保存盒冷藏保存。

·小黃瓜·

椒香涼拌黃瓜

{ 料理時間：10分鐘 | 工具：調理盆 | 保存期限：7天 }

材料

- 小黃瓜⋯⋯100g
- 蒜泥⋯⋯1大匙
- 醬油⋯⋯1大匙
- 米酒⋯⋯1大匙
- 赤藻醣醇⋯⋯1大匙
- 花椒粉⋯⋯1/2小匙

作法

1　小黃瓜洗淨橫向切薄片，加鹽靜置10分鐘，出水後將水擠掉備用。

2　調理盆加入蒜泥、醬油、米酒、赤藻醣醇、花椒粉攪拌均勻。

3　放入1的小黃瓜攪拌均勻即可放入保存盒，放入冰箱冷藏保存。

小黃瓜含有相當豐富的鉀鹽，
一定數量的紅蘿蔔素以及維生素、糖類、鈣、磷和鐵等礦物質，
有許多營養物質、可以刺激食欲、而且可以提高人體免疫力。
新鮮黃瓜中含有丙醇、乙酸等成分，有抑制糖轉化為脂肪的作用，
所以減醣的朋友可以多吃黃瓜。

\ Recipe /
變化菜式②

小黃瓜炒豆皮圈

{ 料理時間：10分鐘 | 工具：氣炸鍋、不沾鍋 | 保存期限：7天 }

材料

- 小黃瓜……2條
- 豆皮圈……2條
- 胡蘿蔔……1/3根
- 鹽……適量

作法

1　黃瓜切片、胡蘿蔔切片（可以用壓花器刻花會更可愛）、豆皮圈切段。

2　豆皮圈放入氣炸鍋，180℃10分鐘。

3　將胡蘿蔔炒軟，加入小黃瓜、豆皮圈半炒均勻。

4　加入適量鹽調味放入保存盒就完成了！

· 洋蔥 ·

\Recipe/
變化菜式❶

洋蔥炒蛋

{ 料理時間：10分鐘 | 工具：不沾鍋 | 保存期限：7天 }

材料

· 洋蔥……100g
· 雞蛋……1顆
· 鹽……適量
· 水……1大匙
· 葡萄籽油……2大匙

作法

1　洋蔥洗淨去皮切絲；雞蛋加鹽打散備用。

2　不沾鍋預熱加葡萄籽油，加入洋蔥拌炒1分鐘，加水炒軟。

3　將蛋液淋在洋蔥上靜待30秒，拌炒均勻放涼即可放入保存盒。

洋蔥膳食纖維含量多，對降血脂有很大的幫助，
因此糖尿病患者很適合食用，可幫助緩解血糖上升。
而且洋蔥中的槲皮素屬類黃酮的一種，有抗氧化作用，能抑制脂質過氧化，
保護心血管健康，同時也具有降低脂肪生成的作用，是減醣很好的食材。

Recipe
變化菜式②

佃煮洋蔥

{ 料理時間：10分鐘 | 工具：不沾鍋 | 保存期限：7天 }

材料

- 洋蔥……150g
- 醬油……1大匙
- 清酒……1大匙
- 水……1又1/2大匙
- 赤藻醣醇……1大匙

作法

1　洋蔥洗淨去皮切絲備用。

2　不沾鍋加入醬油、清酒、水、赤藻糖醇。

3　加入洋蔥煮到軟放涼後即可放入保存盒。

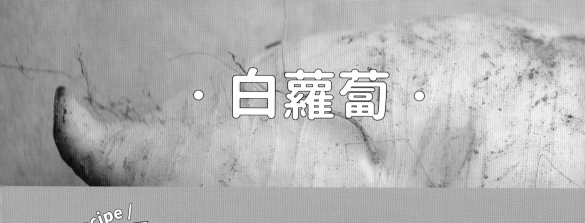

·白蘿蔔·

韓式辣味煮蘿蔔

{ 料理時間：10分鐘 | 工具：壓力鍋 | 保存期限：7天 }

材料

- 白蘿蔔……100g
- 紅蘿蔔……50g
- 水果蘿蔔……50g
- 韓式辣醬……1大匙
- 赤藻醣醇……1大匙
- 葡萄籽油……1大匙

作法

1　紅白蘿蔔洗淨去皮切塊備用。

2　壓力鍋加油，將韓式辣醬放入拌炒，加入蘿蔔放入拌炒均勻。

3　加水淹過蘿蔔八分，蓋上壓力鍋蓋上壓後轉小火3分鐘即可關火。

4　放涼後即可放入保存盒冷藏保存。

十字花科蔬菜一員的白蘿蔔，更含有豐富的生物活性化合物，
像是：硫代葡萄糖苷、葡萄糖苷、芥藍素等成分，
都是近期在動物實驗中被證實有助防癌的關鍵營養素。

\Recipe/
變化菜式②

味增烤蘿蔔

{ 料理時間：10分鐘 | 工具：壓力鍋 | 保存期限：7天 }

材料

- 白蘿蔔……200g
- 柴魚……1包
- 水……1大匙
- 味增醬……1大匙

作法

1　白蘿蔔洗淨去皮後橫切稍有厚度的
　　圓塊備用。

2　壓力鍋放入白蘿蔔，加水淹過蘿蔔
　　八分高，加入柴魚。

3　改上鍋蓋，上壓後轉小火煮3分鐘
　　即關火，取出瀝乾放涼。

4　味增醬加水調開，塗在白蘿蔔上。

5　烤箱200℃預熱5分鐘，放入白蘿蔔
　　烤3分鐘即可。

6　放涼後即可放入保存盒冷藏保存。

·蘆筍·

柴魚沙拉蘆筍

{ 料理時間：10分鐘 | 工具：蒸鍋 | 保存期限：7天 }

材料

· 蘆筍……100g
· 蒜味沙拉醬……1大匙
· 柴魚……1包

作法

1　蘆筍刨掉粗梗的硬皮備用。

2　蒸鍋滾後放入蘆筍蒸3分鐘，
　　取出放涼後即可放入保存盒
　　冷藏保存。

3　要食用時擠上蒜味沙拉醬、
　　再撒上柴魚即可。

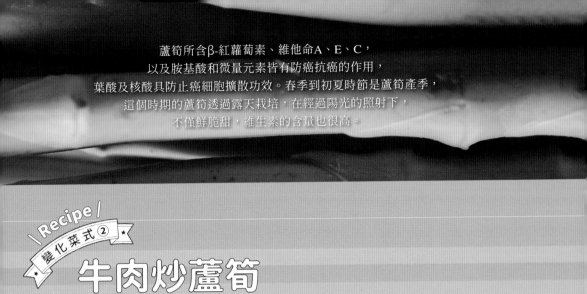

蘆筍所含β-紅蘿蔔素、維他命A、E、C，
以及胺基酸和微量元素皆有防癌抗癌的作用，
葉酸及核酸具防止癌細胞擴散功效。春季到初夏時節是蘆筍產季，
這個時期的蘆筍透過露天栽培，在經過陽光的照射下，
不僅鮮脆甜，維生素的含量也很高。

| Recipe |
變化菜式②

牛肉炒蘆筍

{ 料理時間：10分鐘 | 工具：不沾鍋 | 保存期限：7天 }

材料

· 牛肉片……100g
· 蘆筍……100g
· 鹽……1/8大匙
· 醬油……1/2大匙
· 米酒……1大匙
· 橄欖油……3大匙
· 水……1大匙

作法

1 牛肉片加鹽、米酒、水抓到醬
汁都被吸收。

2 蘆筍刨去梗部硬皮切段備用。

3 不沾鍋加熱，放入橄欖油，牛
肉放入炒至五分熟，再加入
2，拌炒至熟即可。

·黃豆芽·

韓式涼拌豆芽

變化菜式①

| Recipe /

{ 料理時間：10分鐘 | 工具：湯鍋 | 保存期限：7天 }

材料

- 黃豆芽……150g
- 蒜泥……1大匙
- 香油……2大匙
- 鹽……1/4小匙

作法

1　黃豆芽洗淨去鬚根備用。

2　湯鍋水煮滾，放入豆芽汆燙1分鐘撈起瀝乾備用。

3　調理盆放入蒜泥、香油、鹽，並放入1的豆芽拌勻。

4　放涼後即可放入保存盒冷藏保存。

黃豆是蛋白質含量較多的一種豆類，
胺基酸組成完整，脂質含量也豐富，
再加上醣類及卵磷脂、維生素E、異黃酮、礦物質、纖維、磷脂等，
物美價廉的高營養食物，很適合被拿來取代肉類和魚類，
作為素食者主要的蛋白質來源之一。

豆皮炒豆芽

{ 料理時間：10分鐘 | 工具：不沾鍋 | 保存期限：7天 }

材料

- 黃豆芽……100g
- 豆皮……100g
- 香油……2大匙
- 水……1大匙
- 醬油……1/2小匙
- 鹽……1/4小匙

作法

1 黃豆芽洗淨去鬚根；豆皮切絲備用。

2 不沾鍋預熱加入香油，加入1的豆皮略微拌炒，再放入1的黃豆芽與水炒到水分收乾。

3 放涼後即可放入保存盒冷藏保存。

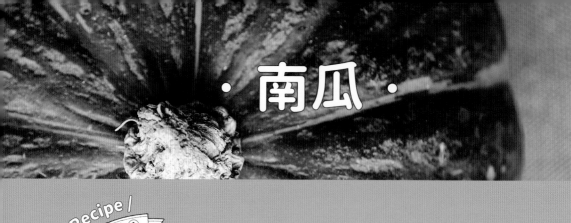

·南瓜·

南瓜燉肉

{ 料理時間：10分鐘 | 工具：壓力鍋 | 保存期限：7天 }

材料

- 南瓜……100g
- 紅蘿蔔……100g
- 梅花肉……100g
- 葡萄籽油……2大匙
- 醬油……1又1/2大匙
- 清酒……1又1/2大匙
- 水……1/3杯
- 赤藻醣醇……2大匙

作法

1　南瓜洗淨帶皮切塊；紅蘿蔔洗淨去皮切塊；梅花肉切塊。

2　壓力鍋加葡萄籽油，放入梅花肉煎到兩面金黃色，加入1的紅蘿蔔、南瓜拌炒1分鐘。

3　加入醬油、清酒、水、赤藻糖醇攪拌均勻，蓋上壓力鍋蓋。

4　上壓後關小火煮5分鐘即可關火。

5　放涼後即可放入保存盒冷藏保存。

南瓜味甘、性溫，含有豐富的營養素；
如醣類、蛋白質、維生素A、B、E、紅蘿蔔素、茄紅素、礦物質鈣、鐵、鉀和膳食纖維，
尤其維生素A的含量居國內瓜類蔬菜首位！
由於富含脂溶性維生素，建議要和油一起食用，可以幫助營養素吸收。

南瓜粉蒸排骨

{ 料理時間：10分鐘 | 工具：蒸鍋 | 保存期限：7天 }

材料

- 排骨……100g
- 南瓜……100g
- 醬油……1大匙
- 米酒……1大匙
- 蒜泥……1大匙
- 五香粉……1/2小匙
- 烏越低醣麵粉……30g
- 胡椒粉……1/2大匙

作法

1　排骨加醬油、米酒、蒜泥、五香粉抓一抓讓肉吸收調味料。

2　低醣麵粉、胡椒粉攪拌均勻。

3　排骨沾上2的低醣麵粉。

4　取一個有深度的盤子將洗淨切塊的南瓜墊在最下面，3的排骨放在上層。

5　蒸鍋煮滾水，將4的盤子放入蒸20分鐘。

5　放涼後即可放入保存盒冷藏保存。

/ Recipe /

變化菜式①

鹽麴山藥

{ 料理時間：10分鐘 | 工具：刨絲刀 | 保存期限：7天 }

材料

· 山藥……100g
· 鹽麴……1大匙

作法

1 山藥洗淨去皮，用刨絲刀
刨成細絲放入保存盒中。

2 將鹽麴1加入拌勻後冷藏
保存即可。

山藥中含有澱粉酶、多酚氧化酶、黏液蛋白、維生素及微量元素等營養素，
有助保健腸胃、預防心血管疾病，
可以抗發炎、降血糖、降血脂肪、調節女性荷爾蒙，
是藥食同源的好食材。

山藥磯邊燒

\ Recipe /
變化菜式②

{ 料理時間：10分鐘 | 工具：氣炸鍋 | 保存期限：7天 }

材料

- 山藥……100g
- 海苔……4片

作法

1 山藥洗淨後去皮切片備用。

2 氣炸鍋220℃預熱5分鐘，將山藥片放入氣炸鍋烤5分鐘。

3 取出包上海苔。

4 放涼冷藏保存。

若喜歡吃脆的海苔，
也可以要吃的時候
再包上。

・紅蘿蔔・

開陽紅蘿蔔

{ 料理時間：10分鐘 | 工具：不沾鍋、刨絲刀 | 保存期限：7天 }

材料

- 紅蘿蔔……100g
- 水果蘿蔔……100g
- 蝦米……1小把
- 葡萄籽油……3大匙
- 水……1/3杯

作法

1　紅蘿蔔、水果蘿蔔去皮刨絲備用。

2　不沾鍋預熱加葡萄籽油，放入蝦米炒香，加入1的蘿蔔絲略微拌炒。

3　加入1/3杯水，蓋上鍋蓋悶煮到蘿蔔軟即可開蓋收汁。

4　放涼後即可放入保存盒冷藏保存。

紅蘿蔔是一種質脆味美、營養豐富的家常蔬菜。
由對人體具有多方面的保健功能，李時珍稱之為「菜蔬之王」。
紅蘿蔔的營養價值極高，有「小人參」的美譽，
降血壓、降血糖、護心臟、提高免疫等很多方面，都有很好的功效。

| Recipe /
變化菜式②
紅蘿蔔築前煮

{ 料理時間：10分鐘 | 工具：壓力鍋 | 保存期限：7天 }

材料

- 紅蘿蔔……100g
- 水果蘿蔔……100g
- 麻油……3大匙
- 蓮藕……100g
- 香菇……50g
- 豌豆莢……10片
- 醬油……1又1/2大匙
- 清酒……1又1/2大匙
- 水……1/3杯
- 赤藻醣醇……2大匙

作法

1　壓力鍋預熱加入麻油，將紅蘿蔔、水果蘿蔔洗淨去皮切塊；蓮藕洗淨去皮切圓；香菇洗淨去蒂，放入拌炒1分鐘。

2　加入醬油、清酒、水、赤藻糖醇，蓋上鍋蓋上壓後轉小火煮8分鐘後關火。

3　最後放入洗淨去絲的豌豆莢略微攪拌，放涼後即可放入保存盒冷藏保存。

·黑木耳·

變化菜式①

泡椒黑木耳

{ 料理時間：10分鐘 | 工具：湯鍋、調理盆 | 保存期限：7天 }

材料

· 黑木耳……100g
· 蒜泥……2大匙
· 醬油……2大匙
· 醋……2大匙
· 泡椒……1根
　（也可以用生辣椒代替）

作法

1 泡椒切丁備用。

2 黑木耳略沖乾淨後切絲，滾水燙30
　秒取出瀝乾放涼備用。

3 蒜泥、醬油、醋與1的泡椒在調理
　盆攪拌均勻，加入2的木耳拌勻。

4 放涼後即可放入保存盒冷藏保存。

黑木耳富含多醣體，
有助降低血液中三酸甘油脂、膽固醇含量，
甚至獲得「血管清道夫」之稱。

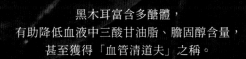

Recipe
變化菜式②

黑木耳炒豆皮

{ 料理時間：10分鐘 | 工具：不沾鍋 | 保存期限：7天 }

材料

· 黑木耳……100g
· 豆皮……100g
· 醬油……2大匙
· 香油……2大匙

作法

1　黑木耳、豆皮略沖乾淨後切絲備用。

2　不沾鍋預熱倒入香油，放入1的豆皮炒到豆香溢出。

3　加入1的黑木耳炒熟，在鍋邊熗上醬油炒勻。

4　放涼後即可放入保存盒冷藏保存。

·香菇·

| Recipe /
變化菜式 ①

義式漬百菇

{ 料理時間：10分鐘 | 工具：不沾鍋 | 保存期限：7天 }

材料

- 香菇……100g
- 鴻禧菇……100g
- 橄欖油……1/3杯
- 紅酒醋……1大匙
- 香菜……適量

作法

1 鴻禧菇、香菇洗淨去蒂切絲備用。

2 乾鍋將鴻禧菇、香菇放入鍋中，炒到變軟、水分收乾。

3 將2放涼後放入保存盒，倒入橄欖油、紅酒醋，撒上適量香菜。

4 放入冷藏保存即可。

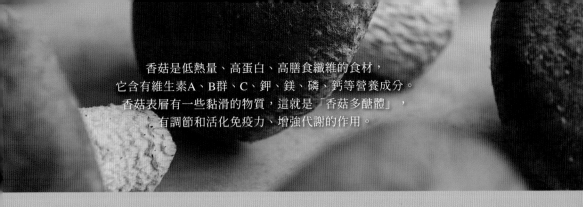

香菇是低熱量、高蛋白、高膳食纖維的食材，
它含有維生素A、B群、C、鉀、鎂、磷、鈣等營養成分。
香菇表層有一些黏滑的物質，這就是「香菇多醣體」，
有調節和活化免疫力、增強代謝的作用。

\Recipe/
變化菜式②
醬燒香菇

{ 料理時間：10分鐘 | 工具：不沾鍋 | 保存期限：7天 }

材料

· 香菇……100g
· 醬油……1大匙
· 清酒……1大匙

作法

1 醬油、清酒混合。

2 乾鍋將香菇兩面煎軟，
  將①醬汁倒入，小火將
  醬汁收乾。

3 放涼後即可放入保存盒
  冷藏保存。

·海帶·

| Recipe /
變化菜式①

滷海帶

{ 料理時間：10分鐘 | 工具：不沾鍋 | 保存期限：7天 }

材料

- 海帶……100g
- 葡萄籽油……2大匙
- 蒜頭……3顆
- 醬油……1又1/2大匙

- 米酒……1又1/2大匙
- 水……1/3杯
- 赤藻醣醇……1大匙
- 八角……2顆

作法

1　不沾鍋預熱加葡萄籽油，放入洗淨去皮的蒜頭炒香，倒入醬油翻炒1分鐘。

2　加入米酒、水、赤藻醣醇、八角，待煮滾後，蓋鍋蓋轉小火煮10分鐘。

3　放涼後即可放入保存盒冷藏保存。

海帶營養成分豐富，
含有多種礦物質和膳食纖維，民眾不妨適量攝取。
海帶含有碘、硒、鈣、海藻酸、Omega-3脂肪酸、膳食纖維等營養，
適量食用有益健康。

| Recipe |
變化菜式②

海帶炒甜不辣

{ 料理時間：10分鐘 | 工具：不沾鍋 | 保存期限：7天 }

材料

- 海帶……100g
- 甜不辣……100g
- 葡萄籽油……2大匙
- 水……1又1/2大匙
- 鹽……適量

作法

1. 甜不辣洗淨切條狀備用。

2. 不沾鍋預熱加葡萄籽油，放入甜不辣炒香，續放入海帶拌炒1分鐘。

3. 加入水，蓋上鍋蓋轉小火續煮3分鐘。

4. 開蓋收汁即可關火。

5. 放涼後即可放入保存盒冷藏保存。

· 清炒蔬菜醬料 ·

和風沙拉醬

{ 料理時間：5分鐘 | 保存期限：15天 }

材料

- 薑汁…1小匙
- 醬油…1大匙
- 清酒…1小匙
- 醋…2/3大匙
- 赤藻醣醇…1大匙
- 香油…1大匙

作法

1 所有材料攪拌均勻，即可放入梅森罐冷藏保存。

日式芝麻醬

{ 料理時間：5分鐘 | 保存期限：15天 }

材料

- 芝麻醬…1大匙
- 水…1大匙
- 蒜泥…1大匙
- 醬油…1大匙
- 醋…1大匙

作法

1 食物調理機攪拌均勻，即可放入梅森罐保存。

材料

- 紅蔥頭…200g
- 豬油…200g

注意不能焗過頭，因為油溫很高要降溫需要時間，稍稍上色後餘溫會讓油蔥焗到金黃色。

油蔥醬

{ 料理時間：20分鐘 | 保存期限：30天 }

作法

1 紅蔥頭洗淨切片備用。
2 豬油小火加熱，放入紅蔥頭焗到微微上色就關火。

川味香麻醬

{ 料理時間：5分鐘 | 保存期限：15天 }

材料
- 醬油…1大匙
- 醋…1大匙
- 花椒粉…1大匙
- 辣椒粉…1大匙
- 辣油…3大匙
- 赤藻醣醇…1大匙

作法

1 所有材料攪拌均勻，即可放入梅森罐保存。

川味芝麻醬

{ 料理時間：5分鐘 | 保存期限：15天 }

材料
- 芝麻醬…1大匙
- 水…1大匙
- 花椒粉…1/2大匙
- 辣椒粉…1/2大匙
- 醬油…1大匙
- 醋…1大匙
- 辣油…1大匙

作法

1 所有材料攪拌均勻，即可放入梅森罐保存。

泰式酸辣醬

{ 料理時間：5分鐘 | 保存期限：15天 }

材料
- 蒜泥…4大匙
- 檸檬汁…2大匙
- 赤藻醣醇…3大匙
- 魚露…3大匙（或鹽1/4小匙）
- 黃檸檬皮…1大匙

作法

1 所有材料攪拌均勻，即可放入梅森罐保存。

蠔油沙茶醬

{ 料理時間：5分鐘 | 保存期限：15天 }

材料

- 蒜頭末…2大匙
- 沙茶醬…4大匙
- 蠔油…2大匙
- 蔥花…4大匙

作法

1　所有材料攪拌均勻，即可放入梅森罐保存。

蒜泥醬

{ 料理時間：5分鐘 | 保存期限：10天 }

材料

- 蒜末…6大匙
- 醋…1/2大匙
- 水…2大匙
- 香油…1大匙

作法

1　食物調理機攪拌均勻，即可放入梅森罐保存。

泰式紅咖哩醬

{ 料理時間：10分鐘 | 保存期限：30天 }

材料

- 蒜頭末…2大匙
- 檸檬汁…2小匙
- 葡萄籽油…2大匙
- 赤藻醣醇…3大匙
- 泰式紅咖哩醬…2大匙
- 魚露…3大匙
- 椰奶…1/3杯
- （或是鹽1/2小匙）

作法

1　熱鍋加葡萄籽油，加入洗淨去皮的蒜頭、泰式紅咖哩醬炒香。

2　加入椰奶攪拌均勻煮滾加入赤藻醣醇、檸檬汁、魚露攪拌均勻。

3　放涼後即可放入梅森罐保存。

XO辣椒醬

{ 料理時間：30分鐘 | 保存期限：30天 }

作法

1　干貝、蝦米加高粱酒入鍋蒸約10分鐘。

2　熱鍋加葡萄籽油加入紅蔥頭末、蒜末炒香，加入1。

3　嗆入醬油、赤藻醣醇小火熬3分鐘。

4　放涼後即可放入梅森罐保存。

材料

- 干貝…100g
- 蝦米…50g
- 高粱酒…1大匙
- 葡萄籽油…2大匙
- 紅蔥頭末…2大匙
- 蒜末…2大匙
- 醬油…3大匙
- 赤藻醣醇…1大匙

芥末沙拉醬

{ 料理時間：10分鐘 | 保存期限：15天 }

材料

- 蛋黃…1顆
- 芥末籽醬…4大匙
- 橄欖油…2/3杯
- 檸檬汁…1大匙

作法

1　蛋黃加1大匙芥末醬攪拌均勻。

2　一手持打蛋機，一手慢慢將橄欖油倒入，打到濃稠狀。

3　加入剩下3大匙芥末醬以及檸檬汁攪拌均勻。

4　放入梅森罐保存。

蒜味沙拉醬

{ 料理時間：10分鐘 | 保存期限：15天 }

材料

- 蛋黃…1顆
- 芥末籽醬…1大匙
- 橄欖油…2/3杯
- 蒜末…3大匙
- 檸檬汁…1大匙

作法

1　蛋黃加1大匙芥末醬攪拌均勻。

2　一手持打蛋機，一手徐徐將橄欖油加入，打到濃稠狀。

3　加入3大匙蒜末以及檸檬汁攪拌均勻。

4　就可以放入梅森罐保存。

Part 4 〔特別篇〕

5款適合
兒童攝取肉類
減醣料理

花花老師最受歡迎
加熱即食常備菜

本篇是特別針對特殊需求，
以及經常私訊花花老師的讀者設計的單元。
包括家有怎樣也吃不胖的孩子或是想增加優質蛋白，
以及網路上最多人按讚的加熱即食常備菜，
平常備在冰箱，保證10分鐘上菜沒問題。

· 嫩肩里肌 ·

{ 料理時間：20分鐘 | 工具：一把磨好的刀、砧板 }

我的小兒子小樹一直都是吃在飽都不長肉的體質，我就想著若是讓他多吃些牛肉，
或許可以長些肉，不過牛肉價格較高，若每天早上給個5oz費用可不低，
因此才想到買整條嫩煎里肌來處理，價格合理肉質鮮甜。

5款適合兒童攝取肉類減醣料理

材料

· COSTCO嫩肩里肌
　……1條

作法

1 拆開包裝將牛肉取出，用餐巾紙將血水擦乾。

2 用刀子將白色筋膜挑起，把表面所有筋膜切除。

3 依照平時使用習慣，可以切成3cm厚牛排、骰子牛、牛柳。

4 放入真空袋中真空包裝或保存盒冷凍保存。

筋膜的部分千萬別丟，切小塊之後放入壓力鍋燉煮12分鐘，滑嫩鮮甜是比牛排更好吃的超級美味呀。

 ## 為何有些真空包牛肉會滲出血水？

一般來說真空包裝滲出非常少許血水很正常，但若是滲出過多血水，就要思考一下這包牛肉的鮮度是否有疑慮。

氣炸牛排

{ 料理時間：10分鐘 | 工具：氣炸鍋 }

材料

・嫩肩里肌牛排……150g

・櫛瓜……半條

・辣椒絲……少許

・黃芥末……適量

・鹽、胡椒粉、油……適量

・葡萄籽油……適量

作法

1　櫛瓜洗淨不去皮切圓。

2　牛排撒上適量鹽、胡椒粉。

3　氣炸鍋220℃預熱5分鐘，牛排噴上葡萄籽油與1的櫛瓜放入氣炸鍋6分鐘。

4　氣炸鍋關機放在機器裡靜置5分鐘即可盛盤。

5　最後擺上烤櫛瓜、乾辣椒絲，擠上些許黃芥末醬。

6分鐘5分熟、8分鐘7分熟。

材料

- 骰子牛……150g
- 紅黃椒……100g
- 櫛瓜……50g
- 鹽、胡椒粉……適量
- 葡萄籽油……適量

牛肉串燒

Recipe / 變化菜式②

{ 料理時間：10分鐘 | 工具：氣炸鍋 }

> 最好先算好數量，
> 一塊肉配一塊蔬菜，
> 因此若有20塊肉，
> 就把蔬菜切成20塊。

作法

1　紅黃椒、櫛瓜洗淨切塊去籽備用。

2　用竹籤一塊牛排一塊蔬菜串成串，撒上鹽、胡椒粉。

3　氣炸鍋220℃預熱5分鐘，串燒噴上葡萄籽油放入氣炸鍋6分鐘即可。

蔥爆牛柳

{ 料理時間：10分鐘 | 工具：不沾鍋 }

材料

- 牛柳……150g
- 鹽……適量
- 醬油……1/2大匙
- 米酒……1/2大匙
- 五香粉……1/4小匙
- 胡椒粉……1/4小匙
- 葡萄籽油……3大匙
- 青蔥……50g

作法

1 青蔥洗淨後斜切段狀。

2 牛柳加入鹽稍微抓一下讓肉有黏性，加入醬油、米酒、五香粉、胡椒粉攪拌均勻，加入3大匙葡萄籽油拌勻。

3 不沾鍋加熱，放入牛柳炒到七分熟，加入青蔥略微拌炒即可盛盤。

材料

・ 牛肉筋膜……800g

・ 水……3杯

・ 薑片……3片

・ 米酒……5大匙

・ 蔥花……少許

清燉半筋半肉牛肉湯

{ 料理時間：15分鐘 | 工具：壓力鍋 }

作法

1　牛肉筋膜切小塊。

2　壓力鍋將水煮滾，放入薑片、米酒、牛肉，蓋上鍋蓋上壓後轉小火12分鐘即可。

3　盛碗後可以撒上一點蔥花增添風味。

· 蔬菜雞卷 ·

{ 料理時間：10分鐘 ｜ 工具：食物料理機 }

花花老師最受歡迎加熱即食常備菜

材料

- 絞肉……100g
- 花枝漿……100g
- 紅蘿蔔……20g
- 荸薺……2顆
- 鹽……1/4小匙
- 胡椒粉……1/2小匙
- 豆皮……適量

作法

1 絞肉、鹽放入調理機
   攪打30秒。

2 加入荸薺、紅蘿蔔攪
   打均勻。

3 加入花枝漿、胡椒粉
   續打均勻。

4 取適量放入豆皮包起
   即可放入冷凍保存。

食用前料理方式：

1 氣炸鍋220℃預熱5分鐘。

2 蔬菜雞捲不解凍，噴油放入氣炸鍋10分鐘即可盛盤。

玫瑰油雞

{ 料理時間：15分鐘 | 工具：休閒鍋或保溫性佳的鑄鐵鍋 }

玫瑰露酒不好買，
建議大家可以到南門市場購買，
或有朋友到香港代為採購帶回，
若沒有玫瑰露酒也可以
用高粱代替。

材料

· 無骨雞腿……4支
· 醬油……1/2杯
· 高粱酒……1又1/2大匙
· 玫瑰露酒……1又1/2大匙
· 水……1又1/3杯
· 八角……3顆
· 桂皮……1片
· 丁香……3顆

作法

1　醬油、高粱酒、玫瑰露酒、水、八角、桂皮、丁香放入鍋中，煮滾後關小火續煮20分鐘。

2　將雞腿放入，讓醬汁再次煮滾後蓋上鍋蓋轉小火煮5分鐘，蓋子不掀燜30分。

3　打開蓋子連醬料一同放涼，取出即可真空冷凍保存。

食用前料理方式：

1　退冰即可切片食用。
2　若喜歡吃熱的，可以整個真空包隔水加熱，切片即可食用。

減醣水餃

{ 料理時間：30分鐘 | 工具：調理盆 }

材料

- 絞肉……300g
- 高麗菜……300g
- 鹽……1/2小匙
- 醬油……1大匙
- 胡椒粉……1大匙
- 香油……2大匙
- 水餃皮……20片

作法

1　高麗菜洗淨切丁，撒上適量鹽，等待15分鐘，將水分擠乾備用。

2　取一調理盆，放入絞肉，加入鹽、醬油攪拌3分鐘，加入1的高麗菜、胡椒粉、香油攪拌均勻。

3　取一餃子皮，用湯匙挖適量絞肉放在餃子皮上包好。

4　放入冷凍庫冷凍保存。

食用前料理方式：

1　滾水將餃子放入，記得要用筷子不時攪拌以免粘鍋。

2　煮到餃子浮起後，再煮2分鐘即可。

香菜金錢蝦餅

{ 料理時間：15分鐘 | 工具：食物料理機 }

材料

- 花枝漿……100g
- 蝦仁……100g
- 鹽……1/2小匙
- 香菜……10g
- 胡椒粉……1/2小匙

作法

盡可能保留蝦子原型才有口感。

1 花枝漿加鹽、香菜、胡椒粉放入食物調理機攪拌30秒。

2 蝦子去殼，加入太白粉、鹽抓一抓讓蝦仁上黏液沾附太白粉上，洗淨後重複以上步驟兩次。加入調理機攪打5秒。

3 雙手沾水與少許油（防沾），盤子上噴油。取出適量蝦仁漿捏成圓形，放在盤子上，冷凍保存。

食用前料理方式：

1　氣炸鍋220℃預熱5分鐘。

2　香菜金錢蝦餅不解凍噴油放入氣炸鍋10分鐘即可。

三色花枝漿餅

{ 料理時間：15分鐘 | 工具：食物料理機 }

材料

· 絞肉……100g
· 花枝漿……100g
· 鹽……1/2小匙

· 九層塔……10g
· 紅蘿蔔……30g
· 胡椒粉……1/2小匙

作法

1　絞肉加鹽放入食物調理機攪拌30秒。加入九層塔、紅蘿蔔、胡椒粉，攪拌均勻。

2　加入鹽、花枝漿續攪均勻。

3　雙手沾水與少許油（防沾），盤子上噴油。取出適量肉漿捏成肉排狀，放在盤子上，冷凍保存即可。

食用前料理方式：

1　氣炸鍋220℃預熱5分鐘。

2　三色花枝漿餅不解凍，噴油放入氣炸鍋10分鐘即可盛盤。

港式蜜汁叉燒

{ 料理時間：10分鐘｜工具：調理盆 }

材料

- 松坂肉……1片
- 紅麴醬……2大匙
- 酒釀豆腐乳……2大匙
- 胡椒粉……1小匙
- 五香粉……1小匙
- 玫瑰露酒……2大匙
- 蜂蜜……適量

作法

1 紅麴醬、酒釀豆腐乳、胡椒粉、五香粉、玫瑰露酒攪拌均勻。

2 將醬汁均勻塗在松坂肉上。

3 放入乾淨、乾燥的保存盒冷藏12小時待入味，放入冷凍庫保存即可。

食用前料理方式：

1 叉燒肉前一天放置冷藏解凍。

2 氣炸鍋220℃預熱5分鐘，放入氣炸鍋12分鐘。

3 取出兩面塗上少許蜂蜜，再放入氣炸鍋烤3分鐘。

4 直接靜置於氣炸鍋裡10分鐘即可切片盛盤。

> 建議可以架高在網架上烤，比較不會出水表面烤到乾酥的更美味。

丹麥黑魔法不沾鍋

NEW!

Good taste in Greece
來自希臘最鮮好味道

※最原始的風味遠從愛琴海新鮮直送！
※傳統希臘簡單烹調，吃出最地道的希臘美味！
※完全不含防腐劑，任何化學及人工合成添加物！

◀◀ 盛產於希臘愛琴海域的"SARDINA PILCHAR-DUS"在品種分類上屬於"地中海沙丁魚"體長約為10-20公分，頭部約為體長的18.5%-21%，魚體雖小，但是肉質鮮嫩，在希臘人傳統上只以海鹽蒸煮的簡單烹調下，除了沙丁魚的鮮甜美味可以在幾乎無任何調味的烹煮後被完整品嚐外，小小的沙丁魚所內含對人體的驚人營養價值也可以最大程度的被人體吸收！

開罐即食，美味方便！

當主食，▶▶
可當配菜，
直接食用，
可用作料理！

健康新主張！

Pan de Smart®
Low carb flour for smart living
低 醣 質 ‧ 健 康 生 活

日本鳥越製粉擁有143年歷史，專營麵粉，如今健康生活趨勢，於2007在日本及開始推出Pan de Smart 系列產品，因應不同產品使用分為麵包、蛋糕甜食、麵條、大阪燒等專用粉，每個專用粉各有不同的醣質OFF、豐富膳食纖維、高蛋白，對於減重瘦身、糖尿病、高血壓、三高等族群，解除對麵包、蛋糕、麵食等食用憂慮，享受滿足美味無負擔的健康生活。

低醣質　　**高蛋白**　　**高膳食纖維**

低醣高纖 麵包專用粉

一般小麥粉比
醣質16%OFF

小麥麩皮
使用

吃再多也不怕
醣質徹底消除！

低醣、生酮者
強力推薦！

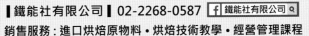

大澳 益昌號

在繁華的香港角落，有一處保留了老舊人文風味的地區——「大澳」。在這裡，時間彷彿停格在60年代的香港漁村，水道與棚屋安靜地並列著，也因此大澳漁村有個美麗的名字「東方威尼斯」。

在棚屋邊，家家戶戶曬製著大澳四寶：鹹魚、蝦乾、花膠、蝦膏。這是大澳的味道，也是屬於香港特有的家鄉味。

「XO」是「Extra-Old」的縮寫，是指釀製時間特長的干邑白蘭地，也是奢華極品的代名詞。由於XO醬用了干貝、蝦米等名貴食材，味道鮮香濃郁，因此得名，是東方醬料中的極品。

「益昌號ＸＯ醬」來自於堅守半世紀承下來的家業，崔氏夫妻運用了大澳得天獨厚的地理條件，抱著疼惜自家漂洋過海在外求學子女的思鄉情感，手工打造出的大澳專屬手信。

花花推薦食舞商城

現在加入 keto-house 粉絲團
進入專屬優惠活動頁，輸入通關密語：
「花花便當好好味」
即可參加：
益昌號年節大禮包活動抽獎！

*優惠辦法以網站內容為準

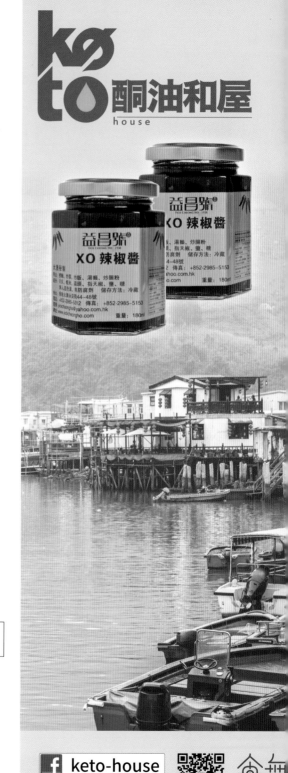

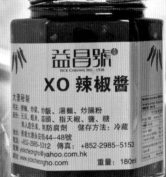

大澳 益昌號

與味蕾戀愛的　香港好味

優生活 112

台式減醣常備菜
沒進過廚房
也不怕
花花老師教你用 10 分鐘
搞定全家大小晚餐

作　　者——曾心怡（花花老師）
主　　編——王俞惠
責任企劃——王綾翊
裝幀設計——比比司設計工作室
攝　　影——石吉弘
髮妝造型——傅雅榛

第五編輯部總監——梁芳春
董 事 長——趙政岷
出 版 者——時報文化出版企業股份有限公司
　　　　　　108019台北市和平西路三段二四○號四樓
　　　　　　發行專線一（○二）二三○六六八四二
　　　　　　讀者服務專線一○八○○二三一七○五
　　　　　　　　　　　（○二）二三○四七一○三
　　　　　　讀者服務傳真一（○二）二三○四六八五八
　　　　　　郵撥一一九三四四七二四時報文化出版公司
　　　　　　信箱一一○八九九臺北華江橋郵局第九九信箱
時報悅讀網——http://www.readingtimes.com.tw
電子郵件信箱——yoho@reading times.com.tw
法律顧問——理律法律事務所　陳長文律師、李念祖律師
印　　刷——和楹印刷有限公司
初版一刷——二○二○年十一月二十日
初版四刷——二○二一年四月八日
定　　價——台幣三八○元

沒進過廚房也不怕/曾心怡著.-- 初版.-- 臺北市：時報
文化，2020.11
208面；17×23公分
ISBN 978-957-13-8400-9（平裝）

1.食譜 2.健康飲食

427.17　　　　　　　　　　　109014931

ISBN 978-957-13-8400-9
Printed in Taiwan